Florian Ion PETRESCU and *Relly Victoria* PETRESCU

TRENURI PLANETARE

Enabled by

CREATE SPACE PUBLISHER

USA 2011

Scientific reviewer:

Prof. Consul. Dr. Ing. Păun ANTONESCU

Copyright

Title: Planetary Trains

Authors: *Florian Ion* PETRESCU & *Relly Victoria* PETRESCU

© 2011, Florian Ion PETRESCU

petrescuflorian@yahoo.com

ISBN 978-1-4680-3041-9

SCURTĂ DESCRIERE

Prezenta carte îşi propune să realizeze o grupare ştiinţifică a mecanismelor de tip planetar cunoscute.

Mecanismele planetare în general sunt compuse din angrenaje cu roţi dinţate şi bare.

Acestea sunt prezentate constructiv, structural şi cinematic.

La câteva sisteme planetare, se va determina în premieră şi randamentul mecanic real al mecanismelor, pentru a rezolva astfel şi o latură importantă aparţinând dinamicii acestor sisteme.

Primele capitole realizează o prezentare sintetică a sistemelor mecanice şi mecanismelor existente, care utilizează mecanisme cu bare şi roţi dinţate, şi care sub aspectul lor constructiv pot prezenta şi caracterul de sisteme planetare.

CUPRINS

5

INTRODUCERE

Dezvoltarea şi diversificarea maşinilor şi mecanismelor cu aplicaţii în toate domeniile reclamă noi cercetări ştiinţifice pentru sistematizarea şi perfecţionarea sistemelor mecanice existente, prin crearea de noi mecanisme adaptate cerinţelor moderne, ceea ce implică structuri topologice tot mai complexe.

Industria modernă, practica proiectării şi realizării construcţiilor de maşini se bazează tot mai mult pe rezultatele cercetărilor ştiinţifice şi aplicative.

Fiecare realizare industrială are în spate activitatea de cercetare teoretică şi experimentală asistată de calculator, prin care se rezolvă probleme tot mai complexe cu programe de calcul performante, utilizând software tot mai specializat.

Robotizarea proceselor tehnologice determină şi influenţează tot mai mult apariţia de noi industrii, aplicaţii în condiţii speciale de mediu, abordare de noi tipuri de operaţii tehnologice, manipularea de obiecte în spaţiul extraterestru, teleoperatori în disciplinele de vârf precum medicina, roboţi care acoperă un domeniu tot mai mare al prestaţiilor de servicii în societatea noastră, modernă şi computerizată.

În acest context lucrarea de faţă încearcă să aducă o contribuţie ştiinţifică şi tehnică aplicativă în analiza cinematică şi sinteza geometro – cinematică a mecanismelor cu bare şi roţi dinţate, atât ca structuri plane cât şi spaţiale.

7

Prin definiţie, aceste mecanisme complexe sunt compuse din mecanisme cu bare (pârghii) şi mecanisme cu elemente dinţate (roţi dinţate şi cremaliere).

Au fost considerate numai mecanismele cu elemente cinematice rigide, atât barele cât şi roţile dinţate fiind considerate nedeformabile.

La elaborarea acestei lucrări s-au avut în vedere următoarele exigenţe:

- realizarea unei lucrări unitare în ceea ce priveşte documentarea şi contribuţiile ştiinţifice personale;
- modul sintetic al prezentării diferitelor aspecte analizate;
- scoaterea în evidenţă a realizărilor deosebite ale cercetătorilor şi specialiştilor din domeniul mecanismelor;
- alcătuirea unei lucrări de înalt nivel ştiinţific, dar cu posibilitatea de a fi urmărită uşor de specialişti;
- formularea unor concluzii menite a fixa ceea ce este esenţial şi totodată de a fi generatoare de noi idei.

O problemă remarcabilă în folosirea angrenajelor conice este materializarea cuplei sferice prin mecanisme sferice cu trei axe concurente.

Această modelare este extrem de utilă în construcţia şi cinematica roboţilor, cu deosebire a mecanismelor de orientare, ceea ce explică interesul deosebit pentru utilizarea mecanismelor cu bare şi roţi dinţate.

Metodele de studiu cinematic al mecanismelor complexe cu bare şi roţi dinţate sunt deosebit de diverse, dar o metodă unitară permite adaptarea şi utilizarea unor algoritmi de rezolvare analitică şi numerică mult mai eficienţi.

Cap. 1 prezintă stadiul actual al cercetărilor şi realizărilor practice în domeniul mecanismelor cu bare şi roţi dinţate, scoţând în evidenţă polarizarea cercetărilor spre şcolile de teoria mecanismelor şi a maşinilor din Germania şi Rusia.

În cap. 2 se prezintă o nouă sinteză structural-topologică a mecanismelor cu bare şi roţi dinţate, prin considerarea atât a mecanismelor monomobile cât şi a celor multimobile realizate ca lanţ cinematic deschis.

De-a lungul cap. 3 se prezintă în detaliu analiza cinematică a mecanismelor cu bare şi roţi dinţate, pornind de la schemele cinematice ale mecanismelor plane cu bare bicontur, la care se ataşează un angrenaj cilindric în diverse variante topologice.

Pe parcursul cap. 4 se studiază cinematica unui grup de patru mecanisme complexe realizate prin ataşarea la patrulaterul articulat a două, trei şi patru angrenaje cilindrice montate în serie sau în paralel.

În cap. 5 se prezintă sinteza mecanismelor cu bare şi roţi dinţate simple (de clasa a 2-a) şi complexe (de clasa a 3-a, a 4-a etc.) cu un angrenaj şi două angrenaje, folosind echivalarea structural-geometrică a unei angrenări plane cu o bară şi două articulaţii.

Cap. 6 cuprinde mai multe probleme de sinteză a principalelor tipuri de mecanisme planetare cu bare şi roţi dinţate. Se analizează în premieră şi randamentul mecanic exact (real) al acestor sisteme (randamentul mecanic exact al planetarelor).

Prin conţinutul său, cap. 7 reprezintă o noutate în abordarea sintezei şi analizei cinematice a celor mai reprezentative mecanisme cu bare şi roţi dinţate folosite ca mecanisme de poziţionare sau ca mecanisme de orientare în structura roboţilor industriali.

Pentru reprezentarea schematică a articulaţiilor fixe s-au folosit două simboluri grafice: un cerc cu punct central (cap. 1, 2, 6, 7) şi un cerc cu înnegrirea a două sferturi de cerc (cap. 3, 4, 5). De asemenea, pentru solidarizarea roţilor dinţate de bare s-au folosit trei simboluri grafice: un arc de cerc la intersecţia barei cu cercul roţii, două linii paralele cu bara în interiorul cercului roţii sau prin sudarea barei de cercul roţii printr-o zonă înnegrită.

Apreciem că rezultatele obţinute în prezenta lucrare ştiinţifică, vizând analiza şi sinteza mai multor clase de mecanisme de tip planetar, cu bare şi roţi dinţate, constituie o bornă în drumul spre abordarea altor aspecte de analiză dinamică şi optimizări, prin programe de calcul adecvate cerinţelor practice.

Autorii

Cap. 1. STADIUL ACTUAL AL CERCETĂRILOR ÎN DOMENIUL MECANISMELOR CU BARE ŞI ROŢI DINŢATE

1.1. SCURT ISTORIC ASUPRA APARIŢIEI MECANISMELOR

Începutul utilizării mecanismelor cu bare şi roţi dinţate trebuie căutat în Egiptul antic cu cel puţin o mie de ani înainte de Christos. Aici s-au utilizat, pentru prima dată, transmisiile cu roţi „pintenate" la irigarea culturilor şi angrenajele melcate pentru prelucrarea bumbacului.

Cu 230 de ani î.Ch., în oraşul Alexandria din Egipt, se folosea roata cu mai multe pârghii şi angrenajul cu cremalieră.

De asemenea, angrenajele planetare cu roţi dinţate satelit au fost utilizate încă din perioada anilor 100-80 î.Ch. la un astrolab din Grecia antică. Acest mecanism ingenios afişa mişcarea soarelui şi a lunii, cu ajutorul a zeci de roţi dinţate de diferite dimensiuni, a căror mişcare venea de la un singur element cinematic de intrare.

Transmiterea mişcării cu ajutorul angrenajelor cu roţi dinţate a cunoscut un progres substanţial începând cu anul 1300 d.Ch., când meşterul italian Giovani da Dondi a realizat un orologiu astronomic, în a cărui componenţă se aflau angrenaje interioare şi roţi dinţate eliptice.

În secolul XV Leonardo da Vinci a pus bazele cinematicii şi dinamicii moderne, enunţând printre altele principiul superpoziţiei mişcărilor independente. Acest principiu al însumării mişcărilor independente se va aplica cu succes, în prezenta lucrare, la analiza şi sinteza cinematică a mecanismelor complexe cu bare şi roţi dinţate multimobile.

Primele transmisii reglabile cu roţi dinţate au fost folosite în 1769 de către Cugnot la echiparea primului autovehicul propulsat de un motor cu abur.

În perioada 1778 – 1784, J. Watt a proiectat şi realizat o nouă maşină cu abur [D7], având pistonul cu dublă acţionare, la care mişcarea alternativă de translaţie a pistonului este transformată într-o mişcare de rotaţie continuă şi uniformă a unui volant. Pentru transformarea mişcării de rotaţie oscilantă a balansierului în mişcare de rotaţie continuă a manivelei (solidară cu volanul), Watt a creat mai multe mecanisme distincte, printre care şi mecanismul planetar cu roţi dinţate cilindrice.

Englezul E. Cartwright a creat şi brevetat în 1800 un mecanism de ghidare rectiliniară, cu bare şi roţi dinţate plasate simetric, în scopul transformării mişcării pistonului (acţionat cu abur) în mişcare de rotaţie a volantului.

În aceeaşi perioadă, la început de secol XIX, un alt englez, J. White, a descoperit că ghidarea rectiliniară a unui punct se poate face cu un mecanism planetar cilindric, cu angrenaj interior, cu ajutorul căruia se generează o hipocicloidă particulară degenerată în dreaptă.

La sfârşitul secolului XIX, în 1886, germanul Carl Benz a realizat primul autovehicul pe trei roţi propulsat de un motor termic cu un cilindru plasat orizontal. Deoarece volantul avea axul vertical, pentru a transmite cuplul motor, de la volant la roţile de propulsie, s-a utilizat un angrenaj cu roţi dinţate conice.

În secolul XX, odată cu dezvoltarea industrială modernă, la maşinile textile şi metalurgice, la automatele de împachetare şi mai recent la manipulatoare şi roboţi industriali apar ca necesare transmisii ale mişcării de rotaţie între arbori cu distanţa variabilă între axe.

Adesea se cere ca prin rotaţia neîntreruptă şi uniformă, a arborelui conducător de mişcare, să se obţină la arborele condus mişcare de rotaţie reversibilă, mişcare cu opriri în timpul limită dat, mişcare în pas de pelerin etc.

La o serie de maşini şi manipulatoare-roboţi sunt necesare obţinerea de traiectorii complexe ale unor puncte ale elementelor, care nu pot fi obţinute cu ajutorul mecanismelor cu bare obişnuite.

Astfel de cerinţe tehnice pot fi satisfăcute dacă se folosesc mecanisme cu bare şi roţi dinţate şi transmisii cu roţi dinţate.

În acest scop pot fi construite mecanisme, în care sunt cuprinse (montate în paralel, suprapuse) sisteme de bare şi sisteme de roţi dinţate, iar elementele mecanismului cu bare poartă pe axele lor roţi dinţate. De asemenea sunt realizate mecanisme complexe, cu bare şi roţi dinţate, în care roţile dinţate reprezintă părţi componente ale schemei structurale generale.

Ca exemple de astfel de mecanisme combinate, se pot urmări câteva scheme cinematice de mecanisme cu bare şi roţi dinţate, prezentate de S. N. Kojevnikov [K2], J. Volmer [A17], A.S. Şaşkin [Ş1], [Ş2], D.Maros [M16], W. Rehwald [R3], [R4], P. Antonescu [A10], [A12].

Principalele probleme referitoare la mecanismele cu bare şi roţi dinţate plane şi spaţiale se referă la analiza cinematică şi la sinteza geometro-cinematică în anumite condiţii impuse de procesele tehnologice, ADR. BRUJA [B7], L. BUDA [B4], K. LUCK [L4], J. NIEMEYER [N3], I. TEMPEA [T6], D. TUTUNARU [T4], I. POPESCU [P9], R. BRAUNE [B3], FI. DUDIŢĂ [D7], W. LICHTENHELDT [L1], P. LEDERER [L2], S. LIN [L5], AL. MODLER [M11], [M13], [M19], R. NEUMANN [N1], [N2], I. STOICA [S7].

1.2. CERCETĂRI PRIVIND ANALIZA CINEMATICĂ

A MECANISMELOR CU BARE ŞI R.D.

Cele mai reprezentative şcoli de mecanisme, care s-au dezvoltat şi au iniţiat cercetări ştiinţifice teoretice şi practice, în domeniul mecanismelor cu bare şi roţi dinţate, au fost şcoala germană (K. Hoecken, W. Jahr, P. Knechtel, K. Hain, W. Mayer zur Cappellen, W. Rath, O.

Tolle, J. Volmer, R. Neumann, W. Rehwald, K. Luck, K.H. Modler) şi cea rusă (S.O. Dobrogurski, I.I. Artobolevski, S.N. Kojevnikov, L.B. Maisiuk, S.A. Cerkudinov, A.S. Şaşkin).

În figura 1.1a se arată [K2] mecanismul cu r. d. condusă z_3 a cărei mişcare se transmite de la r.d. z_2 de pe balansierul c al mecanismului patrulater tip manivelă – balansier. R. d. z_2 angrenează cu r.d. z_1 care se roteşte în raport cu o axă excentrică.

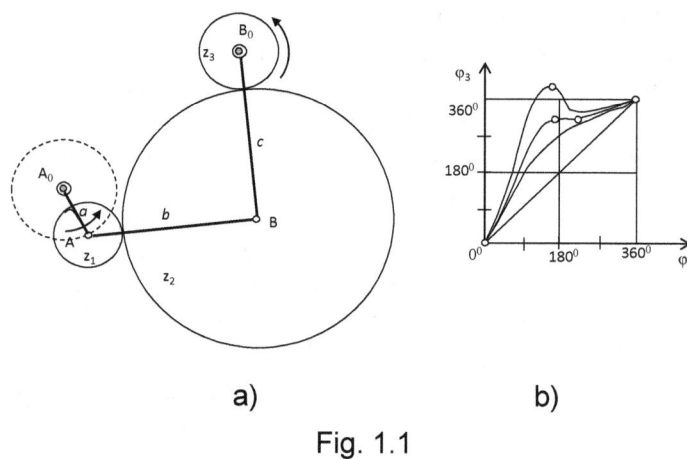

a)   b)

Fig. 1.1

În funcţie de dimensiunile corelate ale elementelor bare şi numărul dinţilor al r.d. z_3 la arborele de ieşire, rotaţia obţinută poate fi continuă (neîntreruptă), cu grad de neuniformitate dat, mişcare cu opriri, mişcare înainte cu întoarcere parţială (pas de pelerin), fig. 1.1b.

În figura 1.2 se arată câteva scheme de mecanisme cu bare şi r.d., construite pe baza mecanismului patrulater cu bare, ale căror r.d. conduse se rotesc în jurul axei fixe a balansierului, iar acţionarea se face de la manivela a.

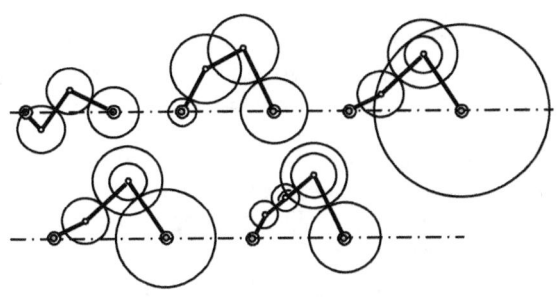

Fig. 1.2

Diverse combinaţii de mecanisme cu bare şi transmisii cu r.d. cu roţi circulare şi necirculare pot fi construite în număr foarte mare, însă din toate variantele practice se foloseşte un număr redus.

În legătură cu cele menţionate să considerăm numai 2 tipuri de mecanisme cu bare şi r.d. şi anume: mecanismele pentru transmiterea mişcării de rotaţie între arbori cu distanţa variabilă între axe şi mecanisme folosite la obţinerea traiectoriilor cu aspect complex şi transformarea mişcării.

Din punctul de vedere al elementelor structurii, toate mecanismele cu bare şi r.d. cu roţi circulare pot fi privite ca lanţuri cu r.d. în serie cu configuraţia variabilă a liniei centrelor, variaţie care determină poziţia elementelor, a axelor r.d. neimportante.

Se poate ca transmiterea mişcării de la r.d. a lanţului la alt element r.d. de la elementul vecin să se realizeze numai în cazul când r.d. de legătură sau r.d. a grupei are axa suprapusă cu axa articulaţiei formată de aceste elemente bare.

În cazul general se poate considera că mecanismul cu bare şi r.d. are 2 sau mai multe mobilităţi.

Ca exemplu de mecanism multimobil cu bare şi r.d. se consideră schema cinematică din figura 1.3a; acest mecanism are 3 mobilităţi.

Astfel, viteza unghiulară a oricăreia dintre roți se poate determina dacă se impun vitezele unghiulare ale barelor *a* și *b* și a uneia dintre roțile dințate.

Numărul mobilităților și prin urmare numărul elementelor conducătoare poate fi micșorat dacă se leagă elementele între ele. De exemplu, dacă se leagă roata 1 la bază, iar roata 2 cu elementul *b*, se obține mecanismul monomobil (fig. 1.3.b), în care roțile 2 și 3 nu se rotesc în raport cu bara *b*, dar punctul C descrie ceea ce se numește epicicloida alungită. Un astfel de mecanism mai este denumit *tren diadă* [M3], [M12], [M13], [M16].

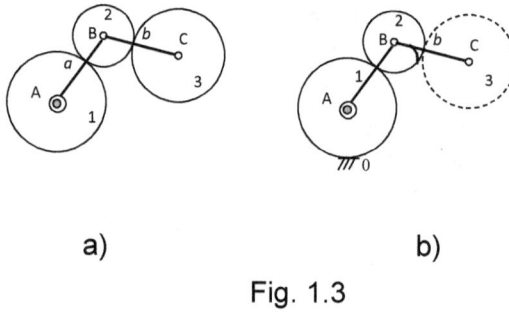

a)   b)

Fig. 1.3

Mișcarea punctului B (fig. 1.3a) poate fi controlată prin condiționarea deplasării punctului B, de exemplu (fig. 1.4) pe arcul de cerc cu raza BD și centrul în D fix.

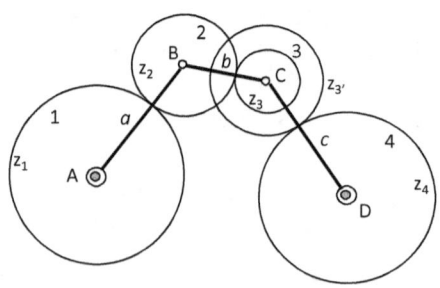

Fig. 1.4

Mecanismul astfel rezultat posedă două mobilități; în mişcarea sa roata condusă 4 depinde de viteza unghiulară a uneia din roţile dinţate ale lanţului cu roţi în serie şi de viteza unghiulară a uneia din barele mecanismului patrulater articulat.

Acest mecanism patrulater poate fi admis ca mecanism de bază. Acest caz, pornind de la relaţia cinematică a acestuia, se poate extinde la diferite cazuri particulare.

Se pune problema de a determina viteza unghiulară a uneia din roţile lanţului dinţat, de exemplu z_3, în funcţie de ω_1 şi ω_a date.

Mecanismul cu bare şi r.d., reprezentat în fig. 1.4, poate fi considerat ca două mecanisme diferenţiale cu mişcările barelor a şi c cunoscute, la care vitezele unghiulare ale roţilor 2 şi 3 se găsesc într-un raport determinat.

Dacă se presupune că legătura dintre roţile 2 şi 3 este întreruptă, atunci se pot scrie relaţiile:

$$i_{12}^a = \frac{\omega_1 - \omega_a}{\omega_2 - \omega_a}; \quad i_{34}^c = \frac{\omega_3 - \omega_c}{\omega_4 - \omega_c} \tag{1.1}$$

unde rapoartele de transmitere i_{12}^a şi i_{34}^c sunt calculate în ipoteza angrenajului exterior cu axe fixe:

$$i_{12}^a = -\frac{z_2}{z_1}; \quad i_{34}^c = -\frac{z_4}{z_{3'}} \tag{1.2}$$

Din formulele (1.1) se explicitează vitezele unghiulare ale roţilor 2 şi 4:

$$\omega_2 = \omega_1 \cdot i_{21}^a + \omega_a(1 - i_{21}^a); \tag{1.3}$$

$$\omega_4 = \omega_3 \cdot i_{43}^c + \omega_c(1 - i_{43}^c). \tag{1.4}$$

Raportul de transmitere al angrenajului 2, 3 se scrie în raport cu biela b:

$$i_{23}^b = \frac{\omega_2 - \omega_b}{\omega_3 - \omega_b} = -\frac{z_3}{z_2} \qquad (1.5)$$

Din formula (1.5) se deduce:

$$\omega_3 = \omega_2 \cdot i_{32}^b + \omega_b (1 - i_{32}^b) \qquad (1.6)$$

Observând formulele (1.3) şi (1.6), din formula (1.4) se obţine expresia vitezei unghiulare a roţii 4 în funcţie de viteza unghiulară a roţii 1 şi a celor trei bare *a, b* şi *c*:

$$\omega_4 = \omega_1 \cdot i_{21}^a \cdot i_{32}^b \cdot i_{43}^c + \omega_a \cdot (1 - i_{21}^a) \cdot i_{32}^b \cdot i_{43}^c +$$
$$+ \omega_b \cdot (1 - i_{32}^b) \cdot i_{43}^c + \omega_c (1 - i_{43}^c) \qquad (1.7)$$

În această ecuaţie (1.7) ω_b şi ω_c sunt funcţii de ω_a şi pot fi determinate ca funcţii de transmitere între barele mecanismului patrulater:

$$\omega_b = \omega_a \cdot i_{ba}; \quad \omega_c = \omega_a \cdot i_{ca} \qquad (1.8)$$

De aceea ω_4 este funcţie de două variabile independente ω_1 şi ω_a.

Pentru toate schemele de mecanisme cu bare şi roţi dinţate din fig. 1.2, în care roata 2 este blocată cu braţul *a*, condiţia necesară este $\omega_2 = \omega_a$.

În aceste cazuri din ecuaţia (1.3) rezultă $\omega_1 = \omega_a$, ceea ce înseamnă că roata z_1 este blocată cu manivela *a*, iar formula (1.7) devine:

$$\omega_4 = \omega_a \cdot i_{32}^b \cdot i_{43}^c + \omega_b \cdot (1 - i_{32}^b) \cdot i_{43}^c + \omega_c (1 - i_{43}^c) \qquad (1.9)$$

Dacă roţile 2 şi 3 sunt blocate pe biela *b*, atunci $\omega_2 = \omega_3 = \omega_b$, astfel că din ecuaţiile (1.3) şi (1.4) se deduc relaţiile:

$$\omega_1 = \omega_b \cdot i_{12}^a + \omega_a \cdot (1 - i_{12}^a) \qquad (1.10)$$

$$\omega_4 = \omega_b \cdot i_{43}^c + \omega_c \cdot (1 - i_{43}^c) \qquad (1.11)$$

Formula (1.10) poate fi folosită pentru calculul vitezei unghiulare a elementului condus [D7] al mecanismului motorului Watt (fig. 1.5), în care lipsesc roţile z_3 şi z_4 şi $\omega_c = 0$.

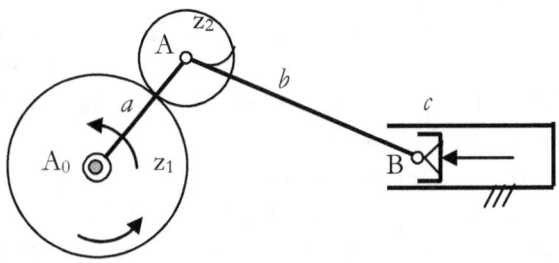

Fig. 1.5

De menţionat că J. Watt a folosit o astfel de schemă pentru maşina cu abur pe care a brevetat-o în anul 1784 [D7].

Urmărind transformarea mişcării de rotaţie oscilantă în mişcare de rotaţie continuă, J. Watt a imaginat un nou mecanism, în care a combinat mecanismul cu bare tip balansier-manivelă cu un mecanism planetar cu două roţi dinţate (fig. 1.6).

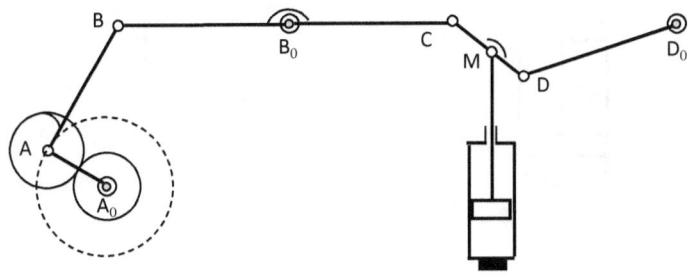

Fig. 1.6

De observat că mişcarea de translaţie a pistonului este aproximativ menţinută de punctul M de pe biela unui patrulater articulat, de tip balansier-balansier, care fusese deja inventat de J. Watt.

Mişcarea de translaţie a pistonului în cilindrul vertical (fig. 1.6) se transformă mai întâi în mişcare de rotaţie oscilantă a balansierului BB_0C, după care mişcarea de balans este transformată în mişcare continuă de rotaţie cu ajutorul mecanismului planetar cu o roată centrală şi o roată satelit solidară cu biela AB.

Englezul E. Cartwright inventează în 1800 [D7], [K2] un mecanism de ghidare cu bare articulate şi două roţi dinţate aşezate simetric (fig. 1.7a), în scopul transformării mişcării rectiliniare a pistonului (pus în mişcare de abur) în mişcare de rotaţie a volantului.

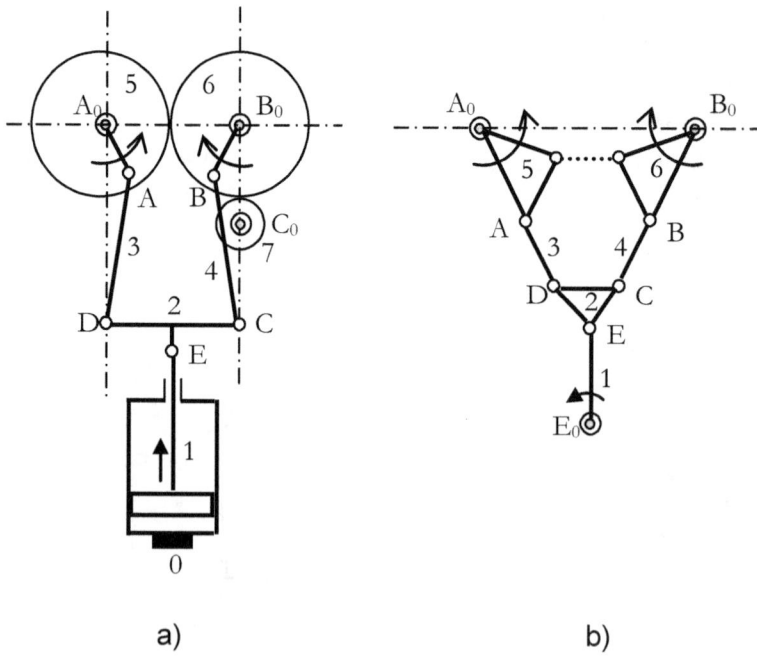

a)   b)

Fig. 1.7

Tija pistonului 1 este articulată cu bara 2 în punctul E, care este situat pe mediatoarea segmentului CD. Traiectoriile punctelor C și D sunt rectiliniare paralele cu tija pistonului 1. Manivelele A_0A și B_0B sunt montate solidar fiecare pe roata dințată respectivă 5 și 6, în poziție simetrică față de verticala punctului E, ceea ce le asigură unghiuri de rotație egale.

Din analiza schemei cinematice echivalente (fig. 1.7b), în care se precizează elementul conducător 1, simetria este pusă și mai mult în evidență.

În structura topologică a acestui mecanism se identifică un lanț cinematic pasiv (cu mobilitate nulă) a cărui configurație este hexagonală [A11].

1.3. EVOLUȚII ÎN ANALIZA MECANISMELOR COMPLEXE CU B. ȘI R.D.

J. Volmer [A17] folosește noțiunea de mecanism combinat, acesta putând fi realizat prin angregarea sau cuplarea a două sau mai multe mecanisme simple cu: bare, roți dințate, came și elemente flexibile sau deformabile.

Sunt definite trei feluri de agregări (cuplări) de mecanisme simple: cuplare în serie, cuplare în paralel și cuplare prin suprapunere.

Agregarea în serie a două mecanisme simple implică alungirea primului mecanism cu un al doilea mecanism, astfel că mișcarea elementului de ieșire din primul mecanism este folosită ca mișcare de intrare pentru al doilea mecanism.

Cel mai adesea agregarea în serie se folosește în cazul mecanismelor cu roți dințate de tipul reductoarelor de turație cilindrice, conice, melcate sau cu angrenaje mixte (conico-cilindrice, melcate-conice). Astfel pot fi agregate în serie *două angrenaje cilindrice* (fig. 1.8a) sau un angrenaj conic cu unul cilindric (fig. 1.8b), obţinându-se un reductor cu două trepte cu un raport de demultiplicare egal cu produsul rapoartelor parţiale.

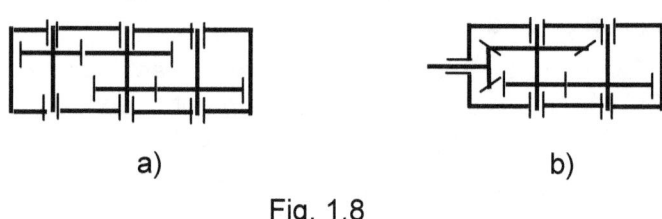

a)   b)

Fig. 1.8

Două *mecanisme cu bare*, de tip patrulater articulat, pot fi agregate în serie (fig. 1.9a), ceea ce permite obţinerea unei amplificări a unghiului de rotaţie ψ al balansierului B_0B până la o valoare θ realizată de balansierul D_0D (fig. 1.9b).

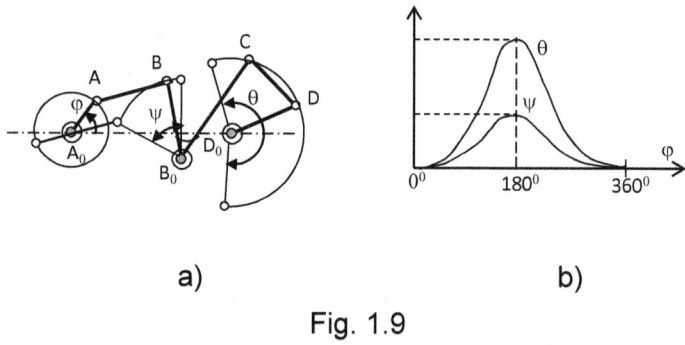

a)   b)

Fig. 1.9

În practică se realizează adesea o agregare în serie, între un mecanism cu roţi dinţate (angrenaj cilindric) şi un mecanism cu bare (fig. 1.10), în care manivela A_0A este solidară cu roata dinţată 2.

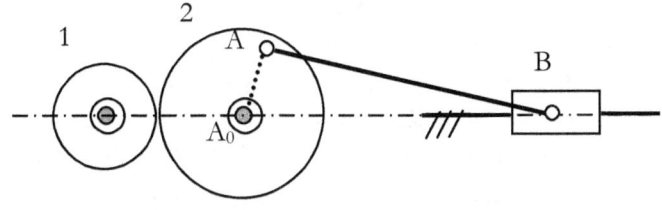

Fig. 1.10

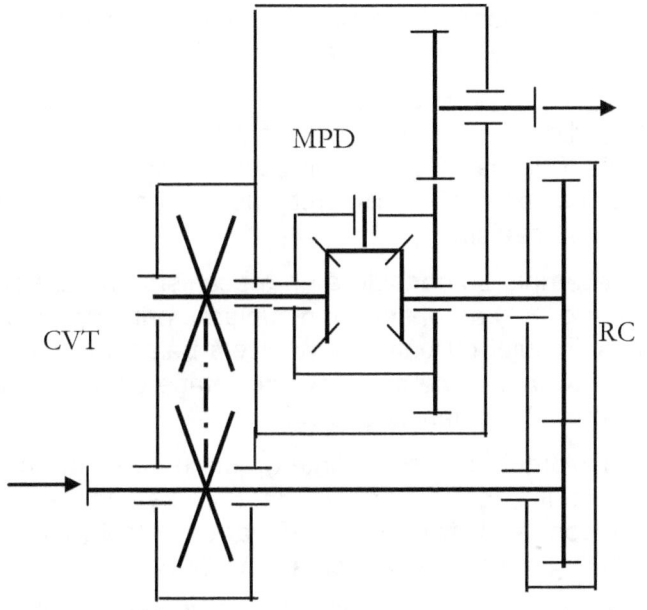

Fig. 1.11

Agregarea în paralel a două mecanisme simple se realizează atunci când fluxul de mişcare se împarte mai întâi, prin ramificarea puterii, fiind dirijat prin două

23

mecanisme cuplate în paralel, la care se produce transformarea mişcării, după care cele două fluxuri se reunesc într-un mecanism sumator (ca de exemplu mecanismul planetar bimobil).

O astfel de agregare în paralel se întâlneşte la ştandurile de încercări cu circuit închis, precum şi la unele transmisii mecanice de la automobile (fig. 1.11). De la arborele de intrare fluxul de mişcare / putere se ramifică prin transmisia variabilă continuă (CVT) cu discuri tronconice [A4] şi reductorul cilindric (RC). Apoi cele două fluxuri de putere / mişcare se reunesc în mecanismul planetar diferenţial (MPD), a cărui braţ portsatelit transmite mişcarea / puterea însumată spre arborele de ieşire, printr-un angrenaj cilindric.

Agregarea prin suprapunere a două mecanisme simple, dintre care unul este cu bare (considerat ca mecanism de bază) şi celălalt este un mecanism cu roţi dinţate ce primeşte mişcarea de la una din barele primului mecanism.

Ca exemplu se consideră un mecanism cu bare şi roţi dinţate (fig. 1.12a), obţinut prin cuplarea prin suprapunere a mecanismului cu bare tip manivelă-balansier şi a unui angrenaj cilindric, ale cărui axe de rotaţie coincid cu cele ale articulaţiilor balansierului B_0B.

Mecanismul cu roţi dinţate, care se suprapune mecanismului patrulater cu bare, este un angrenaj cilindric format dintr-un sector dinţat ca satelit (solidar cu biela AB) şi o roată dinţată cu axul fix în B_0.

Variaţia deplasării unghiulare ψ a balansierului (braţ portsatelit) se amplifică, prin intermediul rotaţiei bielei AB, obţinându-se la roata centrală unghiul θ (fig. 1.12b).

Acest mecanism cu bare şi roţi dinţate (fig. 1.12a) serveşte la transformarea mişcării de rotaţie uniforme a manivelei A_0A într-o mişcare de rotaţie oscilantă neuniformă, care poate fi realizată cu oprire sau poate fi realizată cu întoarcere parţială (în pas de pelerin).

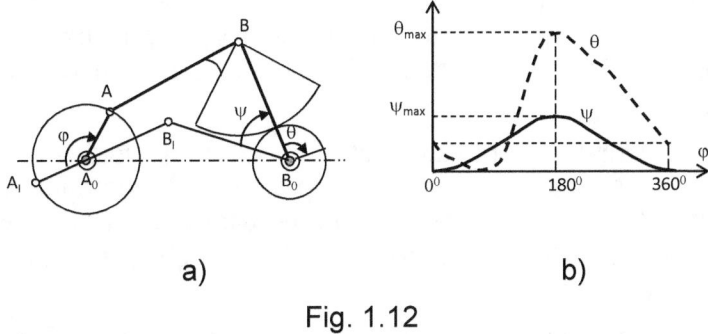

a)   b)

Fig. 1.12

În afară de aceasta, mecanismele cu bare şi roţi dinţate (obţinute prin suprapunere) sunt potrivite pentru generarea curbelor plane.

Un alt tip de mecanism cu bare şi roţi dinţate se poate alcătui prin suprapunerea unui angrenaj cilindric pe una din bielele mecanismului pentalater articulat (fig. 1.13).

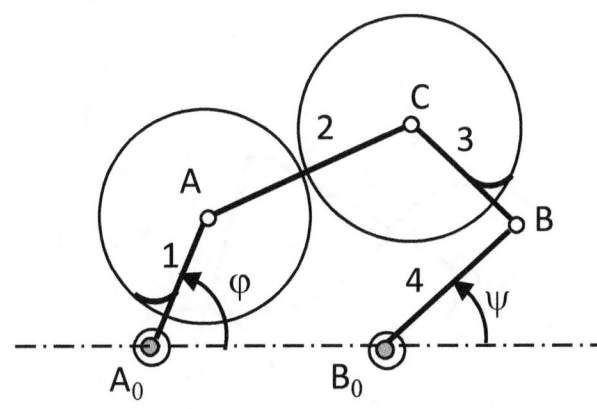

Fig. 1.13

Prin solidarizarea celor două roţi dinţate de barele 1 respectiv 3, angrenajul cilindric este suprapus bielei 2 (fig. 1.13), având centrele roţilor dinţate în articulaţiile A şi C.

Mecanismul pentalater este bimobil, unghiurile φ şi ψ fiind independente, dar prin suprapunerea angrenajului cilindric pe biela 2, mecanismul rezultat (cu bare şi roţi dinţate) devine monomobil, astfel că unghiurile φ şi ψ sunt dependente.

Există o mulţime de variante de astfel de mecanisme cu bare şi roţi dinţate, aceste mecanisme agregate prin suprapunere având la bază numărul mare al mecanismelor cu bare, precum şi numărul de două sau mai multe roţi dinţate folosite pentru angrenajele suprapuse.

Foarte frecvent sunt utilizate mecanisme cu bare şi roţi dinţate de tip planetare (fig. 1.14), care realizează la roata centrală 5 o mişcare de rotaţie cu grad mare de neuniformitate [A17], [Ş1], [Ş2].

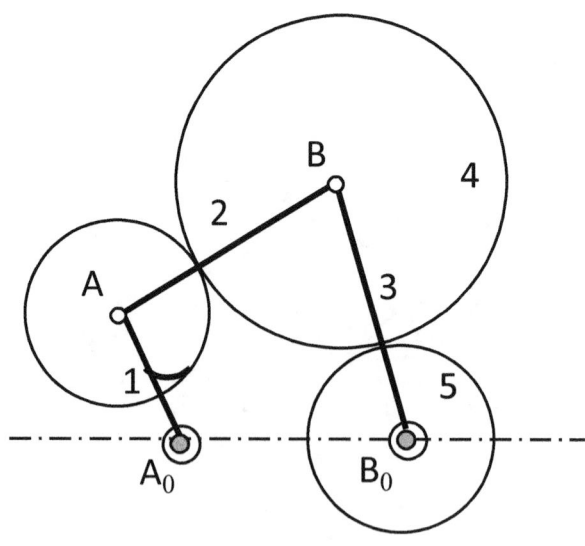

Fig. 1.14

Mobilitatea mecanismului patrulater (de bază) cu bare articulate se menţine egală cu unu şi după suprapunerea celor două angrenaje cilindrice pe lanţul diadic (2,3).

Astfel angrenajul (1, 4) se ataşează bielei 2 şi angrenajul (4, 5) se ataşează la balansierul 3.

De asemenea, mecanismele cu bare şi roţi dinţate, care sunt agregate prin suprapunere peste un patrulater articulat tip dublă manivelă (fig. 1.15a), pot realiza la roata centrală mişcarea de rotaţie unisens cu oprire limitată. În anumite situaţii roata centrală poate realiza o rotaţie cu o mică întoarcere parţială (pas de pelerin).

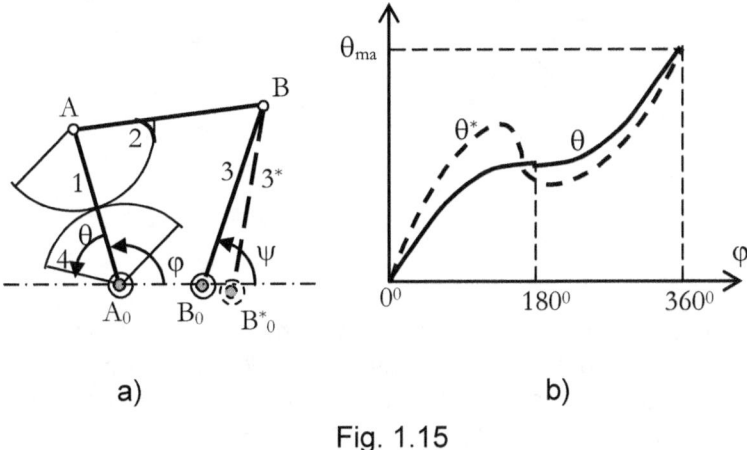

a)　　　　　　　　　　b)

Fig. 1.15

Mişcarea în pas de pelerin este utilizată la maşinile textile specializate (pentru pieptănatul bumbacului şi a firelor de rafie) precum şi la maşinile de împachetat [A17].

Rotaţia cu întoarcere limitată reprezentată prin curba θ^* (fig. 1.15b) se obţine prin interferenţa dintre mişcarea planetară a roţii dinţate solidară cu biela 2 şi mişcarea de rotaţie relativă din articulaţia A (fig. 1.15a).

Mecanismele cu bare şi roţi dinţate realizează funcţii similare cu cele ale mecanismului patrulater cu dublă manivelă.

Curbele cicloidale sunt generate cu ajutorul mecanismelor cu bare şi roţi dinţate tip planetare, cu angrenare exterioară sau interioară.

De exemplu, curba hipocicloidă este folosită la unele maşini unelte tip presă, la care patina translantă realizează o cursă cu oprire prelungită la capătul exterior din dreapta (fig. 1.16), [A17].

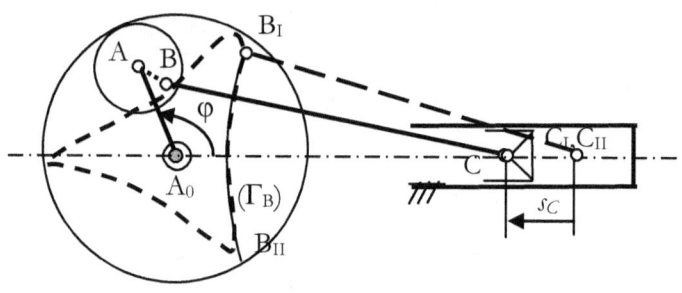

Fig. 1.16

W. Lichtenheldt [L1] rezolvă cinematica mecanismelor cu b. şi r.d. prin metoda grafică a centrelor instantanee de rotaţie, considerând ca exemplu un mecanism manivelă-patină centric, la care se ataşează trei roţi dinţate (3, 4, 5), formând două angrenaje exterioare (fig. 1.17).

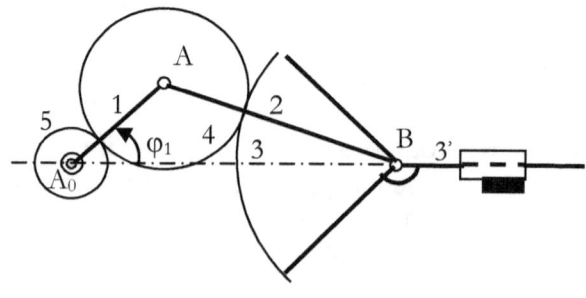

Fig. 1.17

R. Neumann [N1] studiază mecanismul cu b. şi r.d. alcătuit din mecanismul manivelă-balansier la care s-au ataşat trei roţi dinţate formând două angrenaje (fig. 1.18a).

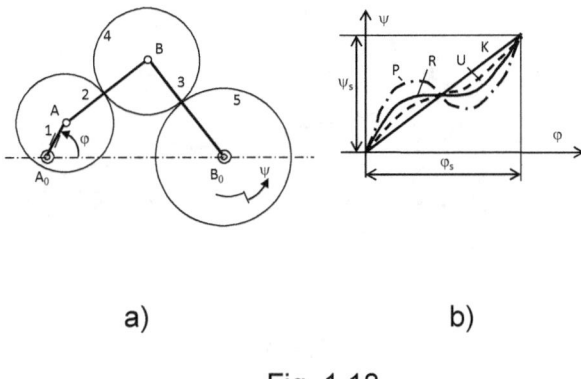

a)   b)

Fig. 1.18

În funcţie de raportul de transmitere dintre roţile 1 şi 5 rezultă funcţia deplasării unghiulare $\psi(\varphi)$ al cărei grafic (fig. 1.18b) poate fi:

- o linie dreaptă (K) când $A_0B_0 = 0$;
- o curbă continuu crescătoare (U) cu punct de inflexiune la jumătatea cursei;
- o curbă continuă cu un palier (R) ceea ce implică oprirea momentană a rotaţiei elementului condus 5;
- o curbă continuă cu linie punct (P) prezintă o porţiune de întoarcere după care revine la rotaţia în sensul iniţial; este mişcarea în pas de pelerin.

W. Rehwald şi K. Luck [R3], [R4] au realizat un program de simulare a mecanismelor plane cu b. şi r.d. fiind analizate cinematic şi dinamic o serie de scheme cinematice (fig. 1.19), alături de care sunt prezentate diagramele de variaţie a forţelor şi momentelor de echilibru dinamic.

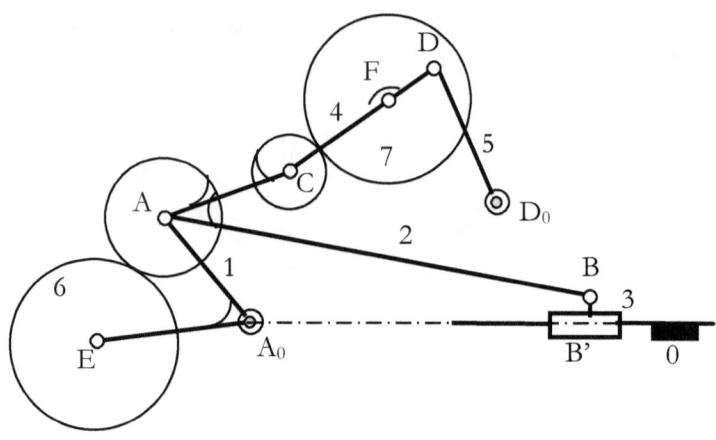

Fig. 1.19

Schema cinematică are elementele cinematice numerotate în ordinea alcătuirii mecanismului; acesta reprezintă un mecanism plan manivelă-patină (0, 1, 2, 3) amplificat cu un lanţ diadă (4, 5), având următoarea formulă structural-topologică [A11]:

$$M = MF(0, 1) + LD(2, 3) + LD(4, 5) \qquad (1.12)$$

La mecanismul cu bare s-au ataşat patru roţi dinţate care formează două angrenaje cilindrice exterioare, având roţile 6 şi 7 ca elemente cinematice distincte cu centrele în articulaţiile E şi F de pe barele 1 respectiv 4.

P. Antonescu [A9], [A11], [A12], prezintă un mecanism complex cu b. şi r.d. folosit ca ştergător de parbriz cu braţ telescopic (fig. 1.20).

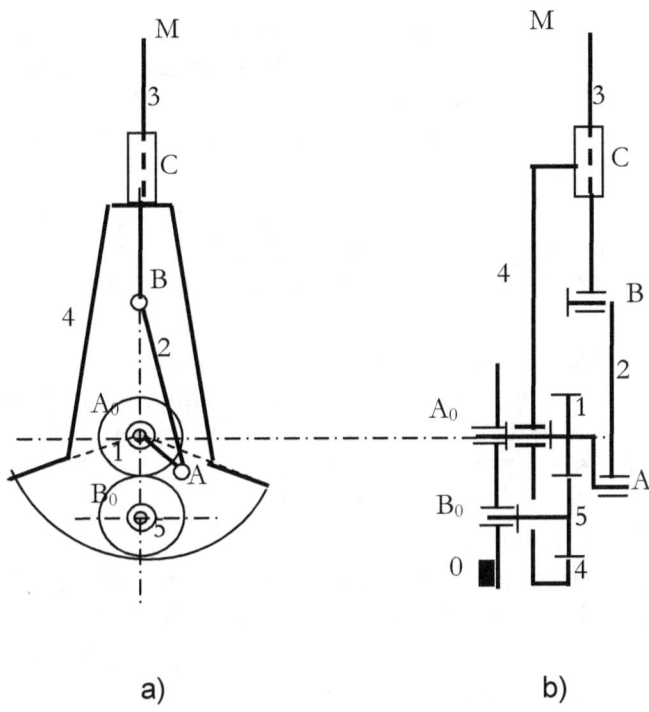

a)   b)

Fig. 1.20

Mecanismul cu bare este un pentalater (0, 1, 2, 3, 4)
cu baza de lungime zero, având articulaţia din A_0 dublă
(fig. 1.20a) şi cele două elemente 1 (manivelă) şi 4
(balansier) cu rotaţie absolută faţă de aceeaşi axă fixă Δ_1
(fig. 1.20b).

Mobilitatea mecanismului pentalater este M = 2, dar
prin ataşarea celor trei roţi dinţate cilindrice (1, 4, 5) cu
două angrenaje, mobilitatea devine M = 1.

De menţionat că roata 1 este solidară cu manivela 1,
iar roata 4 cu dantură interioară este solidară cu
balansierul 4, fiind realizată sub forma de sector dinţat cu
unghiul la centru de 120^0.

Cu ajutorul celor două angrenaje (1, 5) şi (5, 4) se obţine corelarea mişcărilor manivelei 1 şi balansierului 4. Analiza geometro - cinematică urmăreşte determinarea poziţiei, vitezei şi acceleraţiei unui punct trasor M (fig. 1.20) de pe bara 3, a cărei mişcare este de roto-translaţie.

De bara 3 se fixează un segment, reprezentând lama ştergătorului de parbriz, ale cărui capete descriu traiectorii foarte apropiate de conturul parbrizului unui autovehicul.

D. Maros [M16] prezintă o aplicaţie a mecanismului plan cu b. şi r.d. denumit „tren de angrenaje diadă" la maşinile textile de înfăşurare a firului pe mosor (fig. 1.21a) şi pentru optimizarea sistemului propune folosirea mecanismului tip Fergusson (fig. 1.21b).

A.S. Şaşkin [Ş1] consideră mecanismele cu bare şi roţi dinţate ca fiind combinaţii complexe de lanţuri cinematice articulate şi lanţuri cinematice de roţi dinţate.

Aceste combinaţii complexe de bare şi roţi dinţate pot fi împărţite în: înseriate şi paralele.

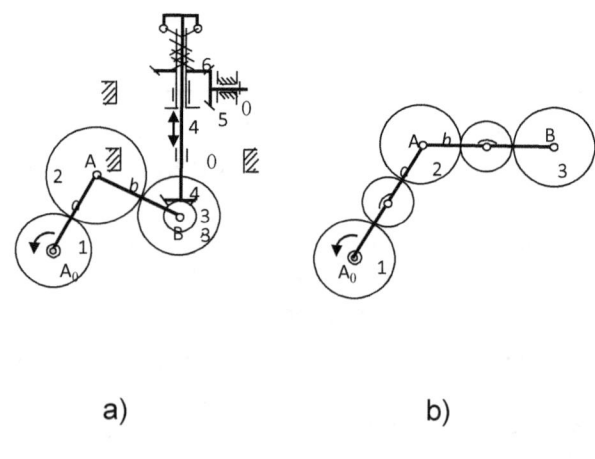

a)   b)

Fig. 1.21

Mecanismele înseriate sunt o reuniune de lanțuri cinematice cu bare și roți dințate, în care elementul conducător al lanțului articulat transmite rotația către elementul condus al lanțui articulat, în care nici unul din elemente nu este fix, asigurând distanța constantă dintre centrele perechilor de roți dințate.

Mecanismele paralele sunt o reuniune de lanțuri cinematice cu bare și roți dințate, în care roțile dințate sunt situate pe axele lanțului cinematic cu bare articulate, elemente care asigură distanța constantă dintre centrele fiecărei perechi de roți dințate.

Elementul conducător în acest mecanism poate fi primul sau al doilea element al lanțului cinematic sau elementul care aparține ambelor lanțuri cinematice în același timp.

Mecanismele de tipul al doilea, care realizează asamblarea paralelă a lanțurilor cinematice cu bare și roți dințate într-un mecanism, în care numărul elementelor mobile ale lanțului cu bare este mai mare de unu, se vor numi mecanisme cu bare și roți dințate.

În cazul asamblării înseriate, legarea lanțului cu roți dințate la cel cu bare nu schimbă ultimul grad de mobilitate.

La asamblarea paralelă, în procesul de formare a mecanismelor cu bare și roți dințate se disting două cazuri: mecanisme multimobile și mecanisme monomobile.

Mecanismele multimobile au lanțul cinematic cu bare cu $M>1$, iar elementele acestuia au mișcări nedeterminate.

Se asigură asamblarea paralelă, a lanțului cu bare de lanțul cu roți dințate, numai când, prin solidarizarea uneia sau câtorva roți dințate, la elementele lanțului cinematic cu bare, se obține un mecanism cu bare și roți dințate cu mobilitatea $M=1$. Aceasta implică posibilitatea determinării legii de mișcare la lanțul cinematic cu bare și deducerea diferitelor traiectorii de mişcare descrise de punctele acestora.

Prin această caracteristică a legii de mişcare sau a traiectoriilor se determină tipul ambelor lanţuri cinematice şi modul asamblării paralele. La aceste mecanisme cu bare şi roţi dinţate, întotdeauna se poate distinge lanţul de roţi dinţate care transformă lanţul cu bare în mecanism cu o singură mobilitate.

Acest lanţ şi roţile aferente este numit *lanţ fundamental* [Ş1], iar lanţul cinematic care este pus în mişcare de la cel *fundamental* este denumit *lanţ complementar*.

La un mecanism cu bare şi roţi dinţate, roţile dinţate ale lanţului de completare nu schimbă mobilitatea lanţului fundamental, comportându-se ca un lanţ cinematic pasiv (grupă assurică) a cărui mobilitate este nulă.

În schimb, roţile dinţate ale lanţului fundamental modifică mobilitatea lanţului cu bare şi în final a întregului mecanism cu bare şi roţi dinţate.

Mecanismele monomobile au lanţul cinematic cu bare cu mobilitatea unu (M=1). Dacă prin intermediul lanţului cinematic cu roţi dinţate trebuie realizată, la roata condusă, o lege de mişcare impusă neuniformă, atunci una sau câteva roţi dinţate trebuie solidarizate de barele lanţului cinematic, astfel încât mecanismul cu bare şi roţi dinţate să-şi menţină mobilitatea unu.

Caracteristica legii de mişcare depinde de tipul ambelor lanţuri cinematice ca şi de modul de asamblare paralelă.

În cazul mecanismului cu bare şi roţi dinţate, care este format numai cu ajutorul lanţului cinematic cu roţi dinţate complementar, îndepărtarea oricărui număr de roţi dinţate conduse nu schimbă mobilitatea mecanismului cu bare şi nici a mecanismului cu bare şi roţi dinţate (M=1).

Prezenţa, în mecanismul cu bare şi roţi dinţate, a două sau mai multe mobilităţi, la ambele lanţuri cinematice, arată că elementele acestora nu sunt solidarizate reciproc.

Ca exemplu [Ş1] se dă mecanismul cu bare şi roţi dinţate care realizează la elementul condus (roată dinţată) o lege de mişcare neuniformă.

Se consideră schema cinematică a mecanismului cu bare şi roţi dinţate (fig. 1.22), considerată a fi cea mai des aplicată [Ş1].

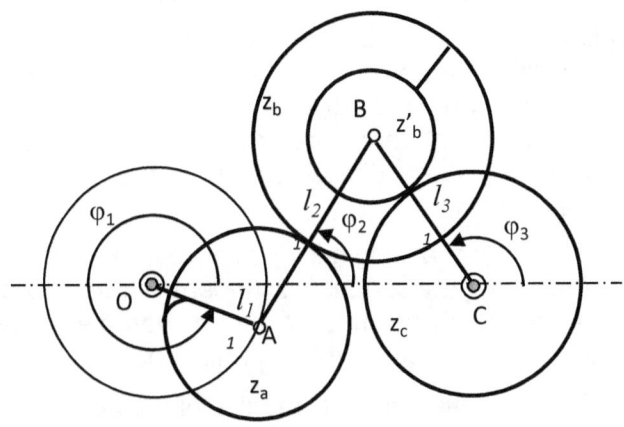

Fig. 1.22

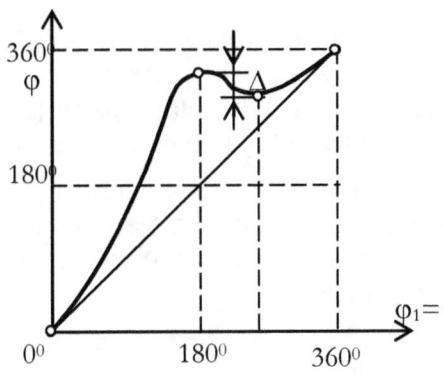

Fig. 1.23

Lanţul cinematic cu bare este reprezentat de patrulaterul articulat OABC cu o singură manivelă OA. Axele geometrice ale roţilor dinţate cu numerele de dinţi z_a, z_b, z'_b şi z_c coincid cu axele articulaţiilor A, B şi C.

Acest şir de roţi dinţate succesive formează lanţul cinematic cu roţi dinţate complementar care este paralel cu lanţul cinematic cu bare (fig. 1.22).

Roata dinţată z_a este solidară cu manivela OA de lungime l_1, iar roţile dinţate z_b şi z'_b sunt solidarizate.

Lungimea l_1 a manivelei mecanismului patrulater poate fi modificată. La limită $l_1 = 0$, ceea ce transformă mecanismul cu bare şi roţi dinţate într-o transmisie de roţi dinţate ordinare, în care, prin rotaţia uniformă a roţii conducătoare z_a, roata dinţată condusă z_c se roteşte de asemenea uniform.

Odată cu mărirea lungimii l_1, prin rotirea uniformă a roţii z_a, roata dinţată condusă z_c începe să se rotească neuniform, astfel că pe măsură ce se măreşte l_1 creşte gradul de neuniformitate al rotaţiei roţii conduse.

Unghiul de rotaţie curent al manivelei l_1 este notat $\varphi_1 = \varphi_a$, iar unghiurile de rotaţie ale celorlalte bare şi roţi dinţate (fig. 1.22) sunt notate semnificativ cu φ_2, φ_3, φ_b şi φ_c.

Variaţia unghiului de rotaţie φ_c al roţii conduse (fig. 1.23) arată o creştere continuă pe prima porţiune, după care se schimbă sensul de rotaţie până la valoarea $\Delta\varphi$, iar pe ultima porţiune rotaţia se face în sensul iniţial.

În aceeaşi lucrare [Ş1] se prezintă o sistematizare a mecanismelor cu bare şi roţi dinţate, făcându-se afirmaţia că „toate mecanismele cu bare şi roţi dinţate pot fi împărţite în 22 grupe".

Toate mecanismele din cele 22 grupe au gradul de mobilitate unu, iar roţile dinţate formează cel puţin un angrenaj cilindric sau conic.

Grupa 1 cuprinde mecanisme complexe (b. + r.d.) care sunt construite pe baza mecanismului patrulater plan articulat. Sunt evidenţiate trei subgrupe de mecanisme complexe, acestea fiind funcţie de numărul articulaţiilor care poartă roţile dinţate suplimentare. Roţile dinţate nu influenţează gradul de mobilitate al mecanismului patrulater articulat.

Grupa 2 cuprinde mecanisme complexe (b. + r.d.) care sunt construite pe baza mecanismului pentalater plan articulat. Sunt menţionate patru subgrupe de mecanisme complexe, acestea depinzând de numărul articulaţiilor pentalaterului care poartă roţile lanţului cinematic cu roţi.

Grupa 3 cuprinde mecanisme complexe (b. + r.d.) care sunt construite pe baza mecanismului hexalater plan articulat. Sunt considerate trei subgrupe de mecanisme complexe, după unele criterii ce nu sunt riguroase şi nici unitare.

Grupa 4 cuprinde numai două mecanisme complexe (b. + r.d.) care sunt construite pe baza mecanismului manivelă-piston.

Grupa 5 cuprinde numai trei mecanisme complexe (b. + r.d.) care sunt construite pe baza unor mecanisme manivelă-culisă.

Grupa 6 este reprezentată de un singur mecanism complex (b. + r.d.) cu şurub melc.

Grupa 7 cuprinde numai 3 mecanisme complexe (b. + r.d.) cu lanţ cinematic deschis.

Grupa 8 cuprinde 3 mecanisme complexe (b. + r.d.), dintre care numai două sunt scheme distincte denumite mecanisme planetare.

Grupa 9 este reprezentată de un singur mecanism complex (b. + r.d.), definit ca mecanism planetar cu culisă, dar de fapt este construit pe baza unui pentalater cu o cuplă de translaţie.

Grupa 10 are un singur mecanism complex (b. + r.d.), care de fapt este un mecanism din grupa 1, la care a fost ataşat un lanţ diadic RRR.

Grupa 11 cuprinde un singur mecanism complex (b. + r.d.), care este un mecanism din grupa 1 prevăzut cu dispozitiv unisens.

Grupa 12 se referă la un singur mecanism complex (b. + r.d.), realizat din combinarea unui mecanism din grupa 1 cu un cuplaj Oldham.

Grupa 13 cuprinde un singur mecanism complex (b. + r.d.), identificat a fi din grupa 2, prevăzut însă cu un dispozitiv de reglare.

Grupa 14 este reprezentată de un singur mecanism complex (b. + r.d.), acesta fiind un mecanism din grupa 1 la care o roată este incompletă (sector circular).

Grupa 15 cuprinde şase mecanisme complexe (b. + r.d.) care sunt împărţire arbitrar în două subgrupe. Patru din aceste mecanisme sunt construite pe baza patrulaterului sferic articulat.

Grupa 16 cuprinde numai patru mecanisme complexe (b. + r.d.), acestea fiind construite pe baza pentalaterului sferic articulat.

Grupele 17, 18, 19, 20, 21 şi 22 sunt reprezentate prin câte un singur mecanism complex (b. + r.d.). Astfel cel cu numărul 17 este numai una din multiplele variante de construire a mecanismelor complexe pe baza hexalaterului articulat.

Mecanismul complex (b. + r.d.) cu numărul 18 este construit pe baza mecanismului sferic manivelă-piston. Mecanismul complex (b. + r.d.) cu numărul 19 este construit prin legarea unui angrenaj conic cu un mecanism sferic cu bare tip manivelă-culisă.

Mecanismul complex (b. + r.d.) cu numărul 20 este construit cu angrenaje conice pe baza unui lanţ cinematic deschis. Mecanismul complex (b. + r.d.) cu numărul 21 este construit prin legarea unui mecanism complex sferic la un mecanism planetar cilindric.

Mecanismul complex (b. + r.d.) cu numărul 22 este un mecanism complex cu pentalater sferic, prevăzut cu un sistem specific de reglare.

Într-o lucrare anterioară [Ş2] se consideră câteva probleme de sinteză a două variante de mecanisme cu bare şi roţi dinţate, care au ca lanţ fundamental mecanismul patrulater plan articulat de tip manivelă-balansier (fig. 1.24a) respectiv balansier-balansier (fig. 1.24b).

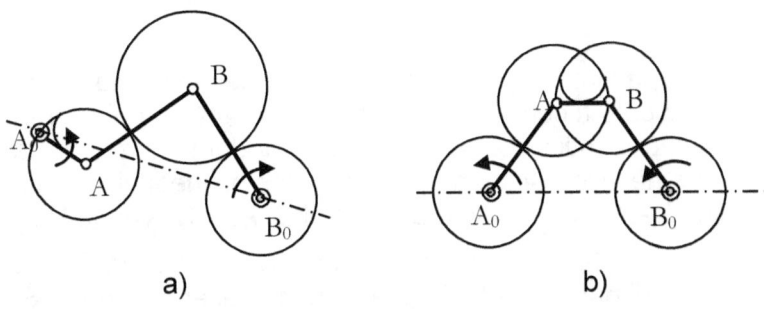

a)   b)

Fig. 1.24

Mecanismul prezentat în figura 1.24a este o combinaţie a patrulaterului articulat cu o singură manivelă peste care s-a suprapus lanţul cinematic format din roţile dinţate z_1, z_4 şi z_5.

Manivela l_1 a patrulaterului A_0ABB_0 formează un excentric cu roata z_1. Dacă se alege $l_1 = 0$, atunci mecanismul se transformă într-o transmisie cu roţi dinţate obişnuite (cu axe fixe).

Roata dinţată z_1 se roteşte faţă de bază cu viteza unghiulară constantă. Prin aceasta roata dinţată z_5 se roteşte într-un singur sens cu oprire periodică momentană.

Acest mecanism a fost analizat în mai multe lucrări de şcoala germană de mecanisme [A17] în care se propun diferite metode de proiectare a acestuia.

În lucrările ştiinţifice publicate înainte de 1960 nu s-a pus problema proiectării acestor mecanisme cu o anumită precizie pentru staţionarea (oprirea de lungă durată) a roţii dinţate z_5.

1.4. CERCETĂRI PRIVIND SINTEZA MECANISMELOR CU B. ŞI R.D.

Începutul cercetărilor de sinteză a mecanismelor cu b. şi r.d. poate fi considerat a fi în 1960, odată cu publicarea unor lucrări ştiinţifice, consacrate metodei de rezolvare a problemelor de sinteză specifice acestor mecanisme, de către S.A. Cerkudinov, L.B. Maisiuk şi A.S. Şaşkin [Ş1].

O metodă de sinteză aproximativă a mecanismelor plane cu bare şi roţi dinţate a fost prezentată de A.S. Şaşkin [Ş2], cu referire la schema cinematică prezentată anterior (fig. 1.24a).

Se consideră o schemă cinematică (fig. 1.25a) pentru care s-a calculat funcţia de transmitere a vitezei unghiulare a roţii conduse 5 (fig. 1.25b).

În formularea problemei de sinteză aproximativă a mecanismului patrulater manivelă-balansier (fig. 1.25a) se parcurg următoarele etape:

1) Deducerea curbei α (fig. 1.25b) care reprezintă variaţia vitezei unghiulare reduse (ω_5/ω_1), a roţii dinţate conduse 5, în funcţie de unghiul φ_1 de poziţionare a manivelei 1.

Această curbă taie axa absciselor în două puncte, în care are loc oprirea momentană a roţii dinţate 5. Segmentul de pe această axă situat între cele două puncte se notează cu φ_1^* (fig. 1.25b). Pe această porţiune, roata 5 are viteza unghiulară negativă, ceea ce înseamnă că se roteşte în sens contrar.

Cu cât este mai mare unghiul φ_1^* cu atât este mai mare viteza acestei mişcări.

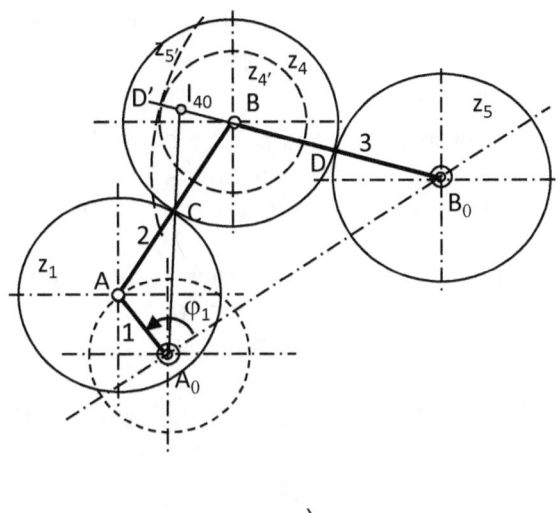

a)

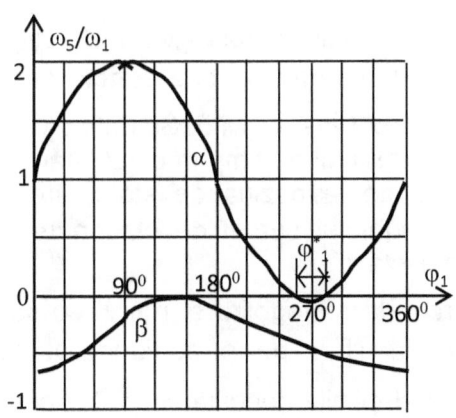

b)

Fig. 1.25

2) Se pune problema proiectării unui astfel de mecanism cu b. şi r.d. (fig. 1.25a) care să realizeze aproximativ $\omega_5 = 0$ în porţiunea de oprire. Pentru staţionarea (oprirea) momentană a unui element cinematic, din componenţa mecanismului, se poate formula următoarea condiţie geometrică necesară: toate centrele instantanee de rotaţie se suprapun cu CIR absolut al elementului cinematic, a cărui oprire momentană este cerută.

Pentru a determina grafic poziţia centrului instantaneu I_{40}, pentru unghiul φ_1 dat, se aplică teorema celor trei CIR, astfel acest punct se obţine la intersecţia liniilor care trec prin punctele A_0C şi B_0B (fig. 1.25a). Pentru o rotaţie completă a manivelei 1 se obţin grafic sau analitic poziţiile punctului I_{40}, care unite determină curba loc geometric ($\Gamma_{I_{40}}$) a acestui CIR absolut.

Oprirea momentană a roţii dinţate 5 e posibilă în acel caz când CIR-ul relativ $I_{54} = D$, corespunzător angrenajului exterior (4, 5) sau $I'_{54} = D'$, în cazul angrenajului interior (4', 5'), se suprapune cu CIR-ul absolut I_{40}.

Intersecţia cercului de rostogolire al roţii 5 cu curba centroidă ($\Gamma_{I_{40}}$) determină două puncte care reprezintă locul opririi momentane a roţii 5. Se defineşte cursa opririi momentane, intervalul de timp în cursul căruia roata 5 se întoarce şi revine la poziţia de staţionare. Acest timp corespunde unghiului cursei de staţionare φ^*_1 care se obţine la manivela 1.

Dacă cercul de rostogolire al roţii 5 se suprapune pe curba centroidă ($\Gamma_{I_{40}}$) pe o porţiune, atunci în acest interval este îndeplinită condiţia $\omega_5 = 0$. Această condiţie determină lungimea căutată pentru raza roţii 5', al cărui cerc este trasat cu linie întreruptă (fig. 1.25a), corespunzător angrenării interioare cu roata 4' solidară cu 4.

Angrenarea interioară conduce la soluţii de oprire a roţii 5' (prevăzută cu dantură interioară), iar pentru acest caz s-a calculat funcţia adimensională ω_5/ω_1 reprezentată prin curba β (fig. 1.25b).

Se menţionează că această curbă β se apropie de axa absciselor, dar nu coincide cu ea, aşa cum cercul de rostogolire al roţii 5' nu se suprapune în întregime cu porţiunea respectivă a centroidei fixe.

3) În acest fel s-a stabilit metoda de aproximare a centroidei fixe pe câteva porţiuni, cu arcul de cerc descris cu centrul în punctul B_0 al roţii 5.

Când, în toate aceste porţiuni, centrele instantanee I_{54} şi I_{40} vor coincide aproximativ şi roata dinţată 5 va realiza oprirea momentană.

O metodă analitică de sinteză aproximativă a mecanismului cu b. şi r.d., pentru realizarea de opriri momentane, este cea a aproximării pătratice [B3], [Ş1].

Se utilizează funcţia celei mai bune aproximaţii, în acele cazuri când trebuie obţinut minimul posibil pentru valoarea maximă a abaterii de la funcţia dată $y = F(x)$ în tot intervalul de variaţie a argumentului considerat. Pentru fiecare din parametrii sistemului $p_0, p_1, p_2, \cdots, p_n$, pentru care se determină funcţia de aproximare $P(x)$, poate fi găsit pe segmentul considerat (x_0, x_m) maximul modulului mărimii diferenţă:

$$\Delta_{\max} = \max[\, F(x) - P(x)] \qquad (1.13)$$

Se poate găsi sistemul coeficienţilor de sistem $p_0, p_1, p_2, \cdots, p_n$ prin care expresia $\Delta_{\max}$ din (1.13) este minimă.

Din teoria funcţiilor de aproximare se cunoaşte că dacă funcţia de aproximare poate fi stabilită sub forma unui polinom generalizat:

$$P(x) = p_0 \cdot f_0(x) + p_1 \cdot f_1(x) + \cdots + p_n \cdot f_n(x) \quad (1.14)$$

43

unde $p_0, p_1, p_2, \cdots, p_n$ sunt coeficienţii ce trebuie determinaţi, iar $f_0(x), f_1(x), f_2(x), \cdots, f_n(x)$ sunt funcţii nedependente liniar de argumente variabile, care nu conţin mărimi necunoscute, semnificaţia coeficienţilor $p_0, p_1, p_2, \cdots, p_n$ constă în căutarea minimului expresiei Δ_{max}.

Pentru polinomul generalizat, care formează sistemul funcţiei Cebâşev, există teorema Cebâşev care dă posibilitatea calculului coeficienţilor necunoscuţi $p_0, p_1, p_2, \cdots, p_n$ ai funcţiei de aproximare, extremul derivatei funcţiei E (reprezentând minimul lui Δ_{max}) şi mărimea argumentului x prin care acesta se atinge.

Conform teoremei Cebâşev, calculul nemijlocit al coeficienţilor funcţiei de aproximare din ecuaţie este posibil numai în câteva cazuri particulare, când funcţiile $F(x), f_0(x), f_1(x), \cdots, f_n(x)$ sunt stabilite analitic în forma destul de simplă.

În cazul sintezei mecanismelor cu b. şi r.d. cu opriri, metoda Cebâşev se aplică foarte greu, pentru că ecuaţia centroidei este o funcţie foarte complexă.

Dacă funcţia $F(x)$ este dată în forma grafică sau printr-un şir de valori numerice, abaterea pătratică medie se defineşte prin mărimea (1.15), unde S se calculează cu formula (1.16).

$$\Delta_m = \sqrt{\frac{S}{m+1}} \qquad (1.15)$$

$$S = \sum_{i=0}^{m} [F(x_i) - P(x_i)]^2 \qquad (1.16)$$

Dacă funcţia de aproximare este polinom generalizat, coeficienţii $p_0, p_1, p_2, \cdots, p_n$ se pot găsi din condiţia minimului abaterii pătratice medii în *m* puncte alese. Aceste condiţii corespund în vecinătatea minimului sumei *S*, care în cazul considerat are următoarea formă:

$$S = \sum_{i=0}^{m} [F(x_i) - p_0 f_0(x_i) - p_1 f_1(x_i) - \cdots - p_n f_n(x_i)]^2 \quad (1.17)$$

Egalând cu zero derivatele parţiale ale sumei *S* în funcţie de coeficienţii p_k $(k = 0,1,2,\cdots,n)$, se obţin ecuaţiile care formează sistemul liniar:

$$\begin{cases} c_{00}p_0 + c_{01}p_1 + \cdots + c_{0n}p_n = b_0; \\ c_{10}p_0 + c_{11}p_1 + \cdots + c_{1n}p_n = b_1; \\ \cdots\cdots\cdots\cdots\cdots\cdots\cdots\cdots\cdots \\ c_{n0}p_0 + c_{n1}p_1 + \cdots + c_{nn}p_n = b_n. \end{cases} \quad (1.18)$$

În sistemul de ecuaţii (1.18) coeficienţii c_{kl} şi b_k au următoarele semnificaţii:

$$c_{kl} = c_{lk} = \sum_{i=0}^{m} f_k(x_i) f_l(x_i); k = 0,1,\cdots,n; l = 0,1\cdots,n. \quad (1.19)$$

$$b_k = \sum_{i=0}^{m} F(x_i) f_k(x_i); \quad k = 0,1,\cdots,n. \quad (1.20)$$

Sistemul de ecuaţii (1.18) se poate rezolva prin metoda eliminării succesive, după ce se verifică următoarele formule:

$$
\left.
\begin{aligned}
c_{00} + c_{01} + \cdots + c_{0n} + b_0 &= \sum_{i=0}^{m} f_0(x_i)S_i; \\
c_{10} + c_{11} + \cdots + c_{1n} + b_1 &= \sum_{i=0}^{m} f_1(x_i)S_i; \\
&\cdots\cdots\cdots\cdots\cdots\cdots\cdots \\
c_{n0} + c_{n1} + \cdots + c_{nn} + b_n &= \sum_{i=0}^{m} f_n(x_i)S_i.
\end{aligned}
\right\}
\qquad (1.21)
$$

În relaţiile (1.21) funcţia S_i se defineşte prin relaţia.

$$
S_i = F(x_i) + f_0(x_i) + f_1(x_i) + \cdots + f_n(x_i) \qquad (1.22)
$$

Funcţia, care trebuie realizată de mecanismul manivelă - balansier, poate fi scrisă sub forma (1.23). În realitate, mecanismul patrulater realizează efectiv o altă funcţie (1.24).

$$
\varphi_3 = f(\varphi_1) \qquad (1.23)
$$

$$
\varphi_{3e} = f(\varphi_1) \qquad (1.24)
$$

Pe intervalul $(\varphi_{1(0)}, \varphi_{1(m)})$ se poate evalua mărimea abaterii.

$$
\Delta\varphi_3 = \varphi_{3e} - \varphi_3 \qquad (1.25)
$$

Printr-o alegere corectă a parametrilor căutaţi, această abatere trebuie să difere puţin de zero pe segmentul indicat. Pentru acest scop trebuie îndeplinite şi mai multe condiţii generale, cunoscute sub denumirea diferenţelor cantitative

$$\Delta_q = \Delta q = q\Delta\varphi_3 \qquad (1.26)$$

Cu condiţia ca ponderea q să difere cel puţin de mărimile constante.

Expresia pentru diferenţa cantitativă Δ_q poate fi obţinută astfel. Se consideră schema cinematică a mecanismului manivelă - balansier cu două angrenaje (fig. 1.26).

Aşa cum parametrii i_{ab}, i_{bc} şi k trebuie să rămână invariabili şi roţile dinţate sunt dispuse pe elementele l_2 şi l_3, tot aşa lungimile l_2 şi l_3 în procesul de aproximare trebuie să rămână invariante. Dar în rezultatul calculelor trebuie să fie obţinute noi semnificaţii ale parametrilor l_1 şi l_0.

Se introduc următoarele rapoarte între lungimile barelor mecanismului patrulater, lungimea de referinţă fiind l_2:

$$\frac{l_1}{l_2} = a; \quad \frac{l_2}{l_2} = b = 1; \quad \frac{l_3}{l_2} = c = const.; \quad \frac{l_0}{l_2} = d \qquad (1.27)$$

Abaterea $\Delta\varphi_3$ este influenţată de abaterea lungimii manivelei (Δa), pentru care se stabileşte expresia (1.28). Se înmulţeşte această funcţie cu coeficientul $a + a_\varphi$ care este foarte aproape de o mărime constantă, egală cu $2a$, ceea ce determină diferenţa (1.29).

$$\Delta a = a - a_\varphi \qquad (1.28)$$

$$\Delta_q = a^2 - a_\varphi^2 \qquad (1.29)$$

47

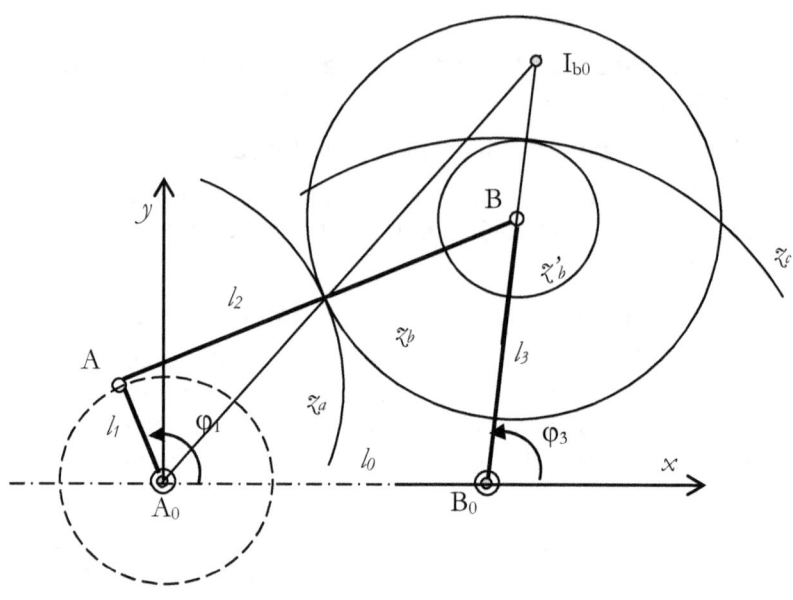

Fig. 1.26

Pentru a obţine expresia analitică a funcţiei Δ_q se proiectează conturul A_0ABB_0 (fig. 1.26) pe axele de coordonate x şi y:

$$a_\varphi \cdot \cos\varphi_1 = c \cdot \cos\varphi_3 + d - \cos\varphi_2;$$
$$a_\varphi \cdot \sin\varphi_1 = c \cdot \sin\varphi_3 - \sin\varphi_2.$$

(1.30)

Eliminând unghiul φ_1 din ecuaţiile (1.30) se obţine pentru a_φ^2 expresia:

$$a_\varphi^2 = c^2 + d^2 + 1 - 2c \cdot \cos(\varphi_3 - \varphi_2) +$$
$$+ 2c \cdot d \cdot \cos\varphi_3 - 2d \cdot \cos\varphi_2$$

(1.31)

Cu aceasta, funcţia (1.29) capătă expresia:

$$\Delta_q = 2c \cdot \{\cos(\varphi_3 - \varphi_2) - d \cdot [\cos \varphi_3 - \frac{1}{c} \cdot \cos \varphi_2] - \frac{1}{2c}(c^2 + d^2 + 1 - a^2)\}$$ (1.32)

Ecuaţia (1.32) are forma unui polinom generalizat care se scrie:

$$\Delta_q = A \cdot [F(\varphi_1) - p_0 \cdot f_0(\varphi_1) - p_1 \cdot f_1(\varphi_1)]$$ (1.33)

în care: A este un coeficient constant; funcţiile $F(\varphi_1)$, $f_0(\varphi_1)$ şi $f_1(\varphi_1)$ nu conţin parametri necunoscuţi; coeficienţii p_0 şi p_1 depind de parametri necunoscuţi.

Din comparaţia relaţiilor (1.31) şi (1.32) rezultă următoarele corespondenţe:

$$A = 2c; \quad F(\varphi_1) = \cos(\varphi_3 - \varphi_2);$$
$$f_0(\varphi_1) = \cos \varphi_3 - \frac{1}{c} \cdot \cos \varphi_2; \quad f_1(\varphi_1) = 1;$$ (1.34)

$$p_0 = d; \quad p_1 = \frac{1}{2c} \cdot (c^2 + d^2 + 1 - a^2)$$ (1.35)

Sistemul de ecuaţii (1.18), din care se pot determina coeficienţii p_0 şi p_1 se scrie:

$$\begin{cases} c_{00} \cdot p_0 + c_{01} \cdot p_1 = b_0; \\ c_{10} \cdot p_0 + c_{11} \cdot p_1 = b_1 \end{cases}$$ (1.36)

În ecuaţiile sistemului (1.36) coeficienţii c_{kl} şi b_k se calculează cu formulele:

$$c_{kl} = c_{lk} = \sum_{i=0}^{i=m} f_k(\varphi_{1i}) \cdot f_l(\varphi_{1i}); \quad k = 0,1; l = 0.1$$ (1.37)

$$b_k = \sum_{i=0}^{i=m} F(\varphi_{1i}) \cdot f_k(\varphi_{1i}); \quad k = 0,1$$ (1.38)

Cap. 2. SINTEZA STRUCTURAL-TOPOLOGICĂ A MECANISMELOR CU BARE ŞI ROŢI DINŢATE

Mecanismele cu bare şi roţi dinţate au în componenţă cel puţin o bară articulată mobilă şi unul din angrenajele cilindric, conic sau hipoid (melcat).

În continuare se vor considera numai angrenajele cu elemente dinţate circulare sau drepte, la care poziţia relativă a axelor de rotaţie sau translaţie nu se modifică.

Structura topologică a mecanismelor cu bare şi roţi dinţate este caracterizată de un lanţ cinematic cu bare articulate şi cel puţin un lanţ cinematic cu elemente dinţate.

Lanţul cinematic cu bare poate fi *lanţ deschis* (cu o articulaţie fixă de rotaţie) sau *lanţ închis* (cu cel puţin două articulaţii fixe).

Lanţul cinematic cu elemente dinţate este ataşat lanţului cinematic cu bare, astfel ca cel puţin două roţi dinţate să aibă centrele în articulaţiile barelor, iar unele roţi pot fi solidare cu barele respective.

În practică o parte din aceste mecanisme cu bare şi roţi dinţate sunt cunoscute sub denumirea de mecanisme planetare cu angrenaje cilindrice, conice sau hipoide.

Montajul roţilor dinţate în aceste mecanisme complexe se realizează sub forma trenurilor de angrenaje în serie, paralel sau serie-paralel [A6], [A11].

2.1. MECANISME PLANE CU BARE ŞI ROŢI DINŢATE

Sistematizarea se face în funcţie de lanţul cinematic plan cu bare articulate, acesta putând fi realizat ca lanţ cinematic deschis sau închis.

2.1.1. Mecanismele plane cu bare şi roţi dinţate cu lanţ cinematic deschis

Acestea se împart în mecanisme elementare (cu o singură bară articulată) şi mecanisme complexe etajate, cu cel puţin două bare articulate. Mecanismele cu bare şi roţi dinţate din prima categorie sunt denumite mecanisme planetare, fiind folosite ca transmisii mecanice planetare [A4], [M12].

La rândul lor *mecanismele elementare* sunt realizate cu roată centrală, cu axă fixă de rotaţie (fig. 2.1) şi cu două roţi centrale (fig. 2.2), ale căror axe coincid cu cea fixă a barei articulate.

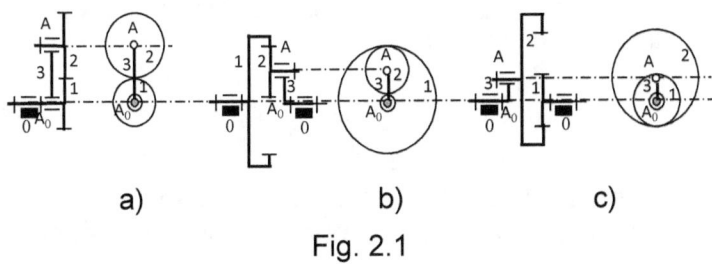

a)   b)   c)

Fig. 2.1

Mecanismele elementare cu o roată centrală (fig. 2.1) au roata centrală notată cu cifra 1 şi o roată satelit 2 cu axul mobil. Bara este notată cu cifra 3, iar articulaţiile

51

sunt notate cu litera A_0 (articulaţie dublă) respectiv A (articulaţie simplă).

Cele două roţi 1 şi 2 formează un angrenaj cilindric, acesta fiind exterior (fig. 2.1a) sau interior (fig. 2.1b,c). Fiecare roată dinţată se reprezintă prin cercul de rostogolire care în schemele cinematice se simbolizează cu linie continuă.

Mobilitatea acestui mecanism cu bare şi roţi dinţate este egală cu 2, ceea ce se deduce cu ajutorul formulei structural-numerice [A1]:

$$M = \sum_{m=1}^{5} (m \cdot C_m) - \sum_{r=2}^{6} (r \cdot N_r) \qquad (2.1)$$

În formula (2.1) s-au folosit notaţiile următoare:

$m = 1 \cdots 5$ este clasa funcţională a cuplei cinematice (gradul de libertate);

C_m este numărul cuplelor cinemtice de clasa m;

$r = 2 \cdots 6$ este rangul spaţiului asociat unui contur cinematic închis;

N_r este numărul contururilor cinematice închise independente de rangul r.

Numărul total N_c al contururilor închise independente se calculează cu formula:

$$N_c = \sum_{m=1}^{5} C_m - n \qquad (2.2)$$

În formula (2.2) s-a notat cu n numărul total al elementelor cinematice mobile din componenţa mecanismului.

În cazul mecanismelor elementare cu bare şi roţi dinţate (fig. 2.1) elementele cinematice sunt sub forma de bară şi de roată dinţată, iar cuplele cinematice sunt de rotaţie ($m = 1$), reprezentate de articulaţii plane şi de roto-translaţie ($m = 2$), reprezentate de angrenaje cilindrice.

52

Urmărind schemele cinematice (fig. 2.1) se identifică următoarele valori numerice:

$$m = 1, C_1 = 3; \quad m = 2, C_2 = 1;$$
$$r = 3, \quad n = 3, \quad N_3 = 1 \tag{2.3}$$

Cu aceste valori numerice introduse în formula (2.1) se obţine:

$$M = (1 \cdot 5 + 2 \cdot 1) - 3.1 = 2 \tag{2.4}$$

Prin imobilizarea roţii cetrale, mecanismul va avea mobilitatea M = 1, situaţie în care bara 3 poate fi element conducător şi roata dinţată 2 va deveni element condus.

În acest caz, un punct de pe roata 2 va descrie o curbă epicicloidală (fig. 2.1a), hipocicloidală (fig. 2.1b) sau pericicloidală (fig. 2.1c).

Mecanismele elementare cu două roţi dinţate centrale (fig. 2.2) se obţin din cele anterioare prin adăugarea unei roţi dinţate 4 care se află în angrenare cu roata 2' solidară cu 2.

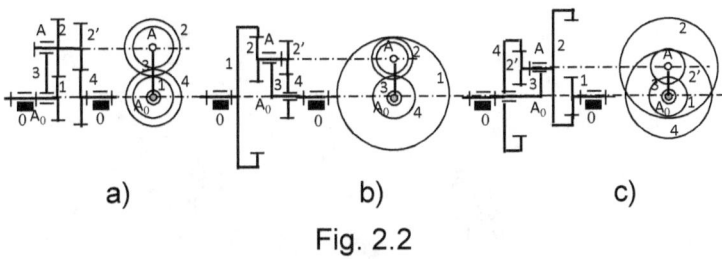

a)   b)   c)

Fig. 2.2

Deoarece o roată dinţată este echivalentă structural-topologic cu un lanţ cinematic tip diadă, mobilitatea noilor mecanisme (fig. 2.2) se conservă, deci M = 2.

Valoarea mobilităţii se calculează cu formula (2.1) în care se introduc valorile numerice specifice acestui mecanism cu două roţi centrale:

$$m = 1, C_1 = 4; \quad m = 2, C_2 = 2; \quad r = 3, \quad n = 4, N_3 = 2 \qquad (2.5)$$

Astfel mobilitatea mecanismelor elementare, prezentate mai sus, rezultă:

$$M = (1 \cdot 4 + 2 \cdot 2) - 3 \cdot 2 = 2 \qquad (2.6)$$

Cele două angrenaje cilindrice sunt ambele exterioare (fig. 2.2a), unul interior şi celălalt exterior (fig. 2.2b) sau ambele interioare (fig. 2.2c).

La montajul celei de a doua roţi centrale 4 se ţine seama de condiţia geometrică ca distanţa dintre axele celor două angrenaje să fie aceeaşi:

$$m_{12} \cdot (z_1 \pm z_2) = m_{2'4} \cdot (z_{2'} \pm z_4) \qquad (2.7)$$

Mecanisme complexe cu bare şi roţi dinţate etajate se obţin prin operaţia de supraetajare a mecanismelor elementare analizate anterior.

Supraetajarea se referă la lanţul cinematic cu bare, acesta putând avea două bare (fig. 2.3a) sau mai multe bare (fig. 2.3b).

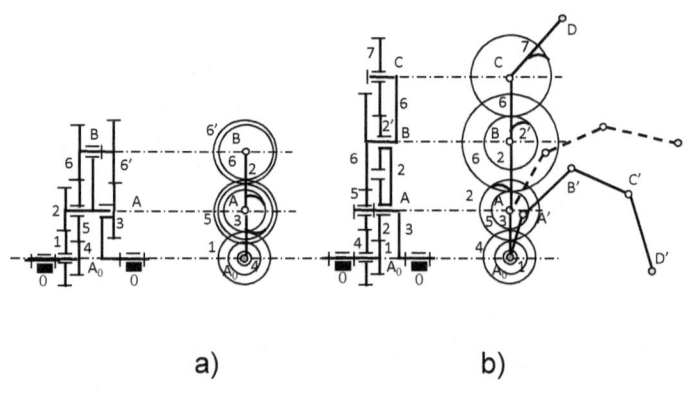

a)   b)

Fig. 2.3

În analiza schemei cinematice a mecanismului cu două bare (fig. 2.3a), trebuie menţionat că roata 3 este solidară cu bara A_0A, iar roata 2 este solidară cu bara AB. Aceste solidarizări sunt evidenţiate în ambele proiecţii, atât în cea din planul axial, cât şi în proiecţia transversală, corespunzător planului de mişcare a barelor şi roţilor dinţate.

Există patru angrenaje cilindrice exterioare, câte două la fiecare nivel, ceea ce necesită verificarea următoarelor relaţii deduse din egalitatea distanţei dintre axe:

$$m_{12} \cdot (z_1 + z_2) = m_{45} \cdot (z_4 + z_5) \qquad (2.8)$$

$$m_{56} \cdot (z_5 + z_6) = m_{36'} \cdot (z_3 + z_{6'}) \qquad (2.9)$$

Mobilitatea mecanismului simplu etajat (fig. 2.3a) este M = 2, aceasta rezultând prin calcul cu ajutorul formulei (2.1), în care scop se determină valorile numerice specifice:

$$m = 1, C_1 = 6; \quad m = 2, C_2 = 4;$$
$$r = 3, \ n = 6, N_3 = 4. \qquad (2.10)$$

Cu aceste date introduse în formula (2.1) rezultă:

$$M = (1 \cdot 6 + 2 \cdot 4) - 3 \cdot 4 = 2 \qquad (2.11)$$

Mecanismul complex supraetajat (fig. 2.3b) este compus din lanţul cinematic cu bare deschis A_0ABCD (la care ultima bară CD este solidară cu roata dinţată 7) şi lanţul cinematic cu roţi dinţate situate în plane paralele cu lanţul principal.

Se observă că roţile dinţate 2 şi 2' sunt solidare cu bara AB, iar roata dinţată 6 este solidară cu bara BC a lanţului articulat.

Pentru primele două angrenaje cilindrice, montate în paralel la nivelul zero, există relaţia (2.8), având în vedere notaţiile identice cu cele din schema cinematică analizată mai sus.

Mobilitatea mecanismului supraetajat (fig. 2.3b) este M = 3, ceea ce se verifică folosind formula (2.1):

$$M = (1 \cdot 7 + 2 \cdot 4) - 3 \cdot 4 = 3 \qquad (2.12)$$

În formula (2.12) s-au introdus următoarele valori numerice specifice mecanismului analizat:

$$m = 1, C_1 = 7; m = 2, C_2 = 4; \quad r = 3, n = 7, N_3 = 4 \quad (2.13)$$

Structura geometrică a acestui mecanism complex (fig. 2.3b) corespunde unui manipulator plan redundant cu trei mobilităţi, la care punctul D poate ajunge în poziţia D' pe o traiectorie dată.

2.1.2. Mecanisme plane cu bare şi roţi dinţate cu contur închis

Aceste mecanisme plane au ca lanţ principal cu bare un contur cinematic de tip patrulater articulat, pentalater articulat, hexalater articulat etc. Lanţul cinematic cu roţi dinţate este ataşat lanţului cu bare, prin poziţionarea fiecărei roţi circulare cu centrul într-o articulaţie a conturului poligonal.

2.1.2.1. Mecanismul cu lanţ cu bare tip patrulater se realizează cu două, trei sau patru roţi dinţate, acestea fiind elemente cinematice distincte sau fiind montate solidar cu anumite bare ale conturului cinematic închis. În anumite situaţii se folosesc şi roţi dinţate cu centrele plasate în anumite puncte ale barelor, altele decât articulaţiile acestora.

După caz, patrulaterul articulat este de tip manivelă-balansier, manivelă dublă şi balansier dublu (cu variantele simplu şi complex).

Se consideră în continuare lanţul cinematic cu bare tip manivelă-balansier (fig. 2.4), la care se ataşează lanţul cinematic cu două, trei sau patru roţi dinţate respectiv unu, două sau trei angrenaje cilindrice exterioare sau interioare [K2], [N1], [M13].

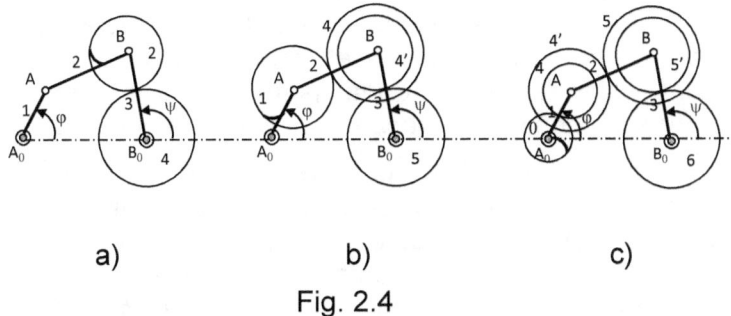

a)   b)   c)

Fig. 2.4

În ipoteza că mobilitatea mecanismului complex cu bare şi roţi dinţate este M = 1, una din roţile dinţate ale angrenajelor ataşate se solidarizează cu una din barele articulate 1, 2 sau 3.

Varianta 1 (fig. 2.4a) se obţine când roata 2 este solidară cu biela 2 de lungime AB = l_2, iar roata dinţată 4 are axa de rotaţie fixă în B_0, fiind roată condusă.

Deoarece roata dinţată 4 este un element cinematic distinct, echivalent unui lanţ diadic de mobilitate zero, prin adăugarea acesteia, la patrulaterul articulat (0, 1, 2, 3) respectiv A_0ABB_0, se conservă mobilitatea mecanismului.

Pentru verificare, mobilitatea se calculează cu formula generală (2.1), în care se introduc valorile numerice specifice acestui mecanism complex (fig. 2.4a):

$$m = 1, C_1 = 5; m = 2, C_2 = 1; \quad r = 3, \ n = 4, N_3 = 2 \quad (2.14)$$

$$M = (1 \cdot 5 + 2 \cdot 1) - 3 \cdot 2 = 1 \quad (2.15)$$

Distanţa dintre axele celor două roţi dinţate 2 şi 4 ale angrenajului cilindric exterior, care este montat pe balansierul 3, de lungime B_0B = l_3, trebuie să îndeplinească condiţia geometrică:

$$a_{24} = BB_0 = \tfrac{1}{2} m_{24} \cdot (z_2 + z_4) \quad (2.16)$$

Varianta 2 (fig. 2.4b) are două angrenaje cilindrice, montate pe barele 2 şi 3, la care roata 1 cu centrul în A este solidară cu manivela 1, de lungime $A_0A = l_1$, iar roţile 4(4') şi 5 sunt elemente cinematice distincte, având centrele în B respectiv B_0. Cele două roţi dinţate 4(4') şi 5 sunt echivalente cu două lanţuri diadice, ceea ce conservă mobilitatea mecanismului patrulater M = 1.

Varianta 3 (fig. 2.4c) conţine trei angrenaje cilindrice, montate pe barele 1, 2 şi 3, la care roata dinţată 0 cu centrul în A_0 este solidară cu baza patrulaterului. Roţile 4(4'), 5(5') şi 6 sunt elemente distincte ce echivalează cu trei lanţuri diadice, astfel că mobilitatea M = 1 este conservată.

2.1.2.2. Mecanisme cu lanţ cu bare tip pentalater se pot realiza cu unul sau mai multe angrenaje cilindrice ataşate pentalaterului articulat (fig. 2.5), la care, pentru a obţine mobilitatea unu (M = 1), se introduc două condiţii care vizează solidarizarea a două roţi dinţate cu bare distincte [Ş1], [Ş2].

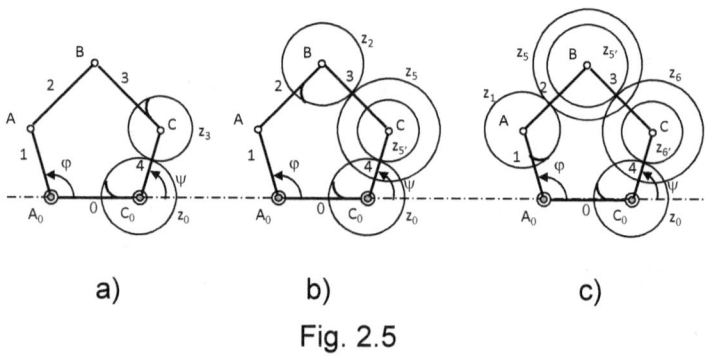

a)   b)   c)

Fig. 2.5

Se menţionează că din fiecare variantă prezentată mai sus, prin fixarea altei bare a pentalaterului articulat se obţin alte două variante de mecanisme cu bare şi roţi dinţate, ceea ce înseamnă 9 variante distincte.

Varianta 1 (fig. 2.5a) se obţine prin folosirea a două roţi dinţate (cu numerele dinţilor z_3 şi z_0), având centrele în articulaţiile C şi C_0 ale barei 4 şi solidarizate de bara mobilă 3 respectiv cea fixă 0.

În acest fel angrenarea celor două roţi echivalează cu introducerea unei legături suplimentare între barele 3 şi 0, ceea ce echivalează cu o bară şi două articulaţii, a cărei mobilitate este –1.

Mobilitatea mecanismului rezultat (fig. 2.5a) este cea a pentalaterului articulat (M = 2) la care se adaugă mobilitatea conexiunii introduse de angrenare (- 1), adică M = 2 - 1 = 1.

Acelaşi rezultat se obţine dacă se calculează mobilitatea mecanismului complex cu formula structural - topologică (2.1), a cărei formă particulară este:

$$M = C_1 + 2C_2 - 3N_3 = 5 + 2 \cdot 1 - 3 \cdot 2 = 1 \qquad (2.17)$$

Condiţia de montaj a celor două roţi dinţate (fig. 2.5a) este:

$$a_{30} = CC_0 = \tfrac{1}{2} m_{30} \cdot (z_3 + z_0) \qquad (2.18)$$

Dacă bara 1 este element conducător, mecanismul complex este de clasa 3, ceea ce poate stabili prin evidenţierea triadei odată cu înlocuirea cuplei superioare a angrenării printr-o bară binară (cu două articulaţii).

Urmărind celelalte două scheme cinematice, obţinute din varianta 1 (fig. 2.5a, 2.6a) prin schimbarea bazei, acestea reprezintă fiecare un mecanism complex de clasa 2 (fig. 2.6b) şi un mecanism complex de clasa 4 (fig. 2.6c).

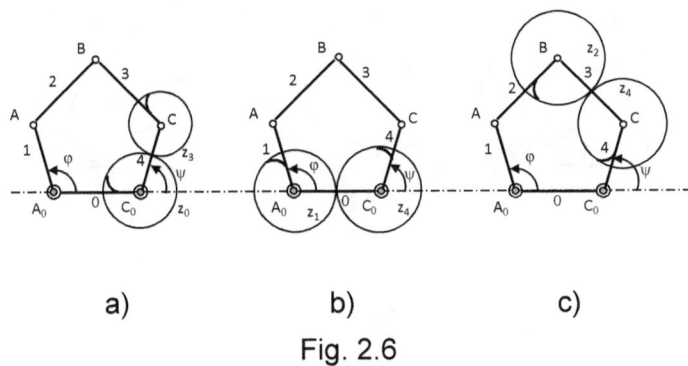

a)   b)   c)

Fig. 2.6

Varianta 2 (fig. 2.5b) se obţine din lanţul pentalater articulat bimobil, prin ataşarea lanţului de roţi dinţate cu două angrenaje cilindrice montate pe barele 3 şi 4. Între roţile cu centrele în articulaţiile B şi C_0 (solidare cu barele 2 respectiv 0) se află roata dinţată 5(5'), cu centrul în C, aceasta fiind un element cinematic distinct.

Mobilitatea mecanismului complex este calculată cu formula (2.1):

$$M = C_1 + 2C_2 - 3N_3 = 6 + 2 \cdot 2 - 3 \cdot 3 = 1 \qquad (2.19)$$

unde s-au făcut următoarele înlocuiri:

$$m = 1, C_1 = 6; m = 2, C_2 = 2; \quad r = 3, \ n = 5, N_3 = 3 \ (2.20)$$

Condiţiile de montaj ale celor două angrenaje cilindrice sunt (fig. 2.5b):

$$a_{25} = BC = \tfrac{1}{2} m_{25} \cdot (z_2 + z_5) \qquad (2.21)$$

$$a_{05'} = C_0 C = \tfrac{1}{2} m_{05'} \cdot (z_0 + z_{5'}) \qquad (2.22)$$

Şi din această schemă cinematică (fig. 2.5b, 2.7a) de clasa 4 se obţin, prin schimbarea bazei, alte două scheme cinematice distincte una de clasa 3 (fig. 2.7b) şi cealaltă de clasa 4 (fig. 2.7c).

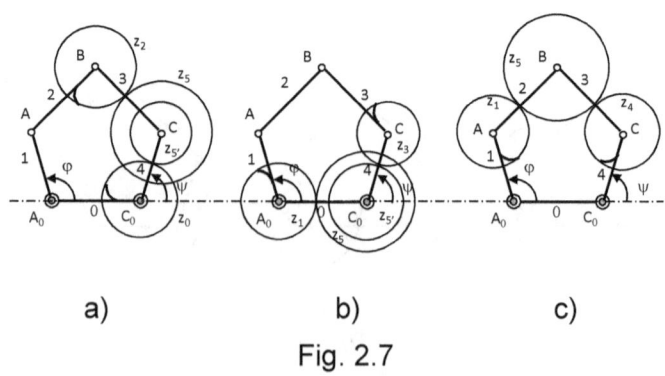

a)   b)   c)

Fig. 2.7

Varianta 3 *(fig. 2.5c) rezultă din lanţul pentalater bimobil, prin operaţia de ataşare a unui lanţ cinematic de roţi dinţate cu trei angrenaje cilindrice montate pe barele 2, 3 şi 4. Roţile dinţate cu centrele în articulaţiile A şi C_0 sunt solidare cu barele 1 respectiv 0, iar roţile dinţate 5(5') şi 6(6') cu centrele în articulaţiile B respectiv C sunt elemente cinematice distincte.*

Mobilitatea este M = 1, ceea ce se verifică folosind formula (2.1):

$$M = C_1 + 2C_2 - 3N_3 = 7 + 2\cdot3 - 3.4 = 1 \qquad (2.23)$$

Din această schemă cinematică (fig. 2.5c, 2.8a) de clasa 4 ord. 4 se obţin alte două scheme cinematice, prin schimbarea bazei, una de cls. 4 ord. 3 (fig. 2.8b) şi alta de cls. 7 ord. 4 (fig. 2.8c).

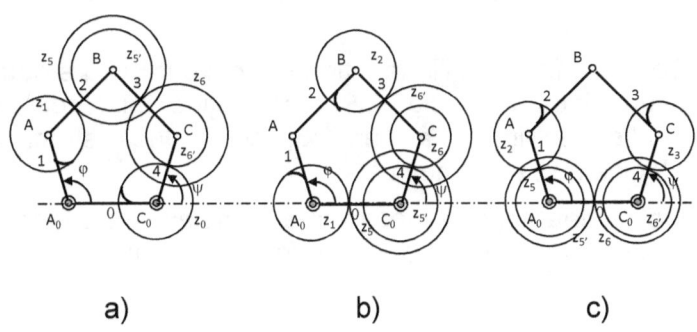

a)   b)   c)

Fig. 2.8

2.1.2.3. Mecanismele cu lanţ cu bare tip hexalater se obţin prin ataşarea unui lanţ de roţi dinţate, cu două sau mai multe angrenaje, la un hexalater articulat (fig. 2.9), la care, pentru realizarea unei mobilităţi unitare (M = 1), cel puţin patru roţi sunt solidarizate cu barele respective.

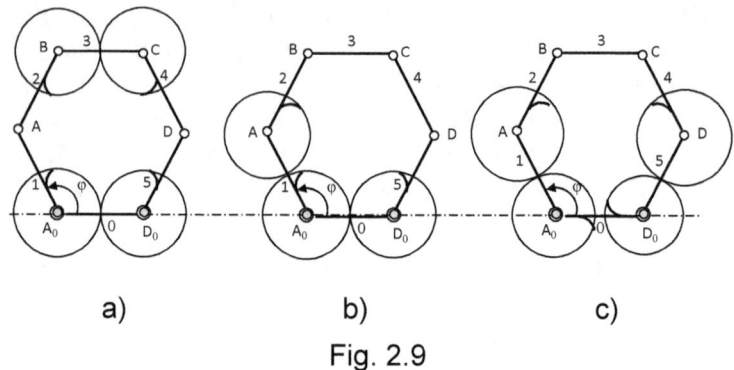

a)   b)   c)

Fig. 2.9

S-au considerat (fig. 2.9) trei scheme cinematice de astfel de mecanisme complexe cu bare şi roţi dinţate, fiecare având câte două angrenaje cilindrice.

Dacă se folosesc roţi dinţate egale, prima şi a treia schemă cinematică (fig. 2.9a,c) prezintă o simetrie geometrică, situaţie în care bara 3 execută o mişcare de translaţie rectiliniară.

De altfel, în condiţiile menţionate mai sus şi cu a doua schemă cinematică (fig. 2.9b) se obţine mişcarea de translaţie rectiliniară a barei 3, chiar dacă structura topologică nu este simetrică.

Mobilitatea acestor mecanisme complexe este M = 1, ceea ce se verifică prin calcul cu formula (2.1):

$$M = C_1 + 2C_2 - 3N_3 = 6 + 2 \cdot 2 - 3 \cdot 3 = 1 \qquad (2.24)$$

2.1.2.4. Mecanisme cu lanţ cu bare tip heptagonal şi octogonal

Pentru aceste mecanisme se prezintă câte un exemplu de schemă cinematică cu structură geometrică simetrică (fig. 2.10).

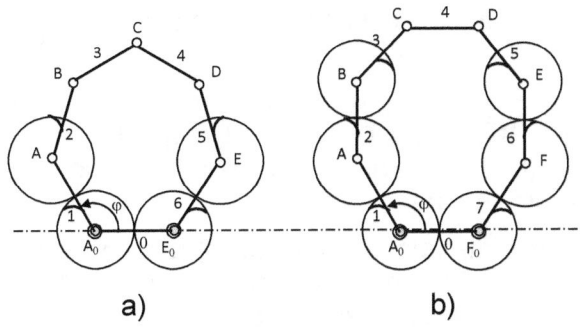

a)   b)

Fig. 2.10

Mecanismul complex cu lanţ heptagonal (fig. 2.10a) este realizat cu trei angrenaje dintre care unul cu axe fixe (1, 6) şi alte două cu axe mobile (1, 2) şi (5, 6). Mecanismul complex cu lanţ octogonal (fig. 2.10b) are în componenţă cinci angrenaje montate simetric faţă de axa de simetrie verticală a octogonului. Ambele mecanisme au mobilitatea unu M=1.

2.2. MECANISME SPAŢIALE CU BARE ŞI ROŢI DINŢATE

Se consideră mai întâi mecanismele spaţiale care au lanţul cinematic cu bare deschis şi apoi mecanismele spaţiale la care lanţul cinematic cu bare este închis.

2.2.1. Mecanismele spaţiale cu bare şi roţi dinţate cu lanţ deschis

Se cunosc două grupe de astfel de mecanisme spaţiale: mecanismele elementare (cu o singură bară

63

articulată) şi mecanismele complexe etajate (cu două sau mai multe bare articulate).

Mecanismele spaţiale elementare pot fi realizate cu o singură roată centrală (fig. 2.11) respectiv cu două roţi centrale (fig. 2.12) ale căror axe fixe coincid cu axa articulaţiei fixe a barei.

Roţile dinţate folosite la mecanismele spaţiale sunt roţi conice (fig. 2.11a) şi roţi hipoide [A6], [A11], cu şurub melc şi roată melcată (fig. 2.11b).

În cazul *mecanismului spaţial sferic* (fig. 2.11a), roata conică centrală 1 angrenează cu roata conică satelit 2, axele acestora fiind concurente în punctul S, acesta fiind vârful comun al conurilor de rostogolire. Bara 3 are două articulaţii, una fixă în A_0 (comună cu cea a roţii 1) şi alta mobilă în A prin care se leagă cu roata 2.

Dacă axele celor două roţi conice sunt perpendiculare, angrenajul conic este denumit ortogonal, în această formă fiind utilizat cel mai adesea în practică.

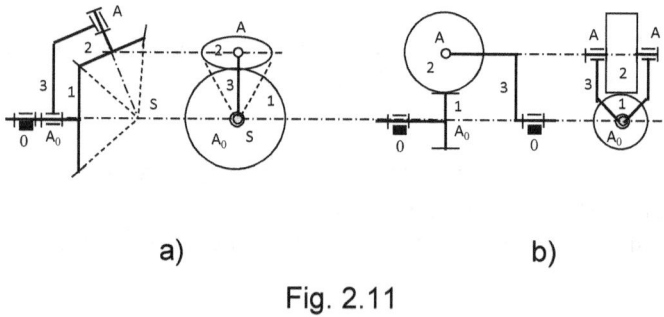

a)   b)

Fig. 2.11

Mobilitatea mecanismului sferic este M = 2, ceea ce se deduce prin calcul cu formula (2.1) particularizată:

$$M = C_1 + 2C_2 - 3N_3 = 3 + 2 \cdot 1 - 3 \cdot 1 = 2 \qquad (2.25)$$

Rangul spaţiului asociat acestui contur cinematic este r = 3, deoarece axele cuplelor de rotaţie (m = 1) şi roto-translaţie (m = 2) sunt concurente în punctul S.

Un astfel de mecanism spaţial cu o bară şi un angrenaj conic este echivalent unui pentalater sferic cu articulaţii monomobile, la care toate axele sunt concurente în centrul S al sferei.

În cazul mecanismului spaţial melcat (fig. 2.11b), roata melc 1 este roată centrală şi formează un angrenaj hipoid (melcat) cu roata melcată 2, axele celor două roţi dinţate fiind încrucişate în poziţie ortogonală. Bara 3 are axul fix (notat cu A_0) comun cu cel al roţii melc 1, iar axul mobil al articulaţiei A (cu roata melcată) este ortogonal faţă de cel fix.

Mobilitatea mecanismului spaţial cu axe încrucişate este M = 2, aceasta rezultând din aplicarea formulei (2.1) particularizată contururilor de rang 6:

$$M = C_1 + 5C_5 - 6N_6 = 3 + 5 \cdot 1 - 6 \cdot 1 = 2 \qquad (2.26)$$

În aplicarea formulei (2.1) se menţionează că angrenarea celor două roţi melcate (1, 2) formează o cuplă cinematică pentamobilă (m = 5), la care contactul celor două suprafeţe este realizat într-un punct. Unui mecanism care include o cuplă cinematică pentamobilă (de clasă maximă), i se asociază spaţiul de rang maxim (r = 6).

Mecanismul spaţial echivalent acestui mecanism cu angrenaj melcat este un patrulater spaţial ortogonal, ale cărui legături sunt două cuple sferice trimobile şi două cuple de rotaţie monomobile.

Mecanismele spaţiale elementare cu două roţi conice centrale (fig. 2.12) se obţin din cel anterior (fig. 2.11a) prin operaţia de adăugare a unei roţi dinţate conice 4, a cărei axă este comună cu cea fixă [A11].

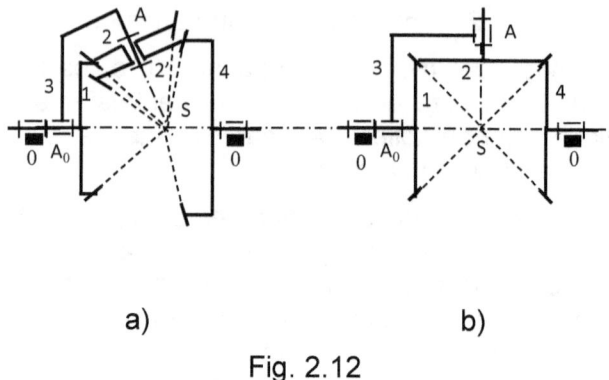

a)   b)

Fig. 2.12

Primul mecanism spaţial (fig. 2.12a) conţine bara 3 şi
două angrenaje conice (1, 2) şi (2', 4) montate în paralel.
Mobilitatea mecanismului este M = 2, aceasta fiind
calculată cu formula (2.1) pentru cazul particular al
mecanismelor sferice:

$$M = C_1 + 2C_2 - 3N_3 = 4 + 2 \cdot 2 - 3 \cdot 2 = 2 \quad (2.27)$$

Al doilea mecanism spaţial (fig. 2.12b) este un caz
particular al primului mecanism din care se obţine prin
orientarea axei mobile pe direcţie perpendiculară pe axa
fixă.

În acest ultim caz roţile dinţate 1 şi 4 sunt egale, iar
roţile 2 şi 2' coincid, astfel că cele două angrenaje sunt
montate în serie.

Dacă se imobilizează bara 3, raportul de transmitere
între roţile 1 şi 4 se obţine ca produsul rapoartelor de
transmitere parţiale care se scrie, în cazul general (fig.
2.12a), în funcţie de numerele de dinţi sub forma:

$$i_{14}^3 = i_{12}^3 \cdot i_{2'4}^3 = -\frac{z_2 \cdot z_4}{z_1 \cdot z_{2'}} \qquad (2.28)$$

Pentru cazul particular (fig. 2.12b), când $z_2 = z_{2'}$ şi $z_1 = z_4$, din formula (2.28) rezultă $i_{14}^3 = -1$, adică roţile centrale 1 şi 4 se rotesc în sens invers în ipoteza că bara 3 este imobilizată.

Rotaţia barei 3 se transmite roţilor centrale 1 şi 4, astfel că din formula,

$$i_{14}^3 = \frac{\omega_1 - \omega_3}{\omega_4 - \omega_3} = -1 \qquad (2.29)$$

se deduce relaţia:

$$\omega_1 + \omega_4 = 2\omega_3 \qquad (2.30)$$

Prin imobilizarea uneia din cele două roţi centrale 1 sau 4, mobilitatea mecanismului spaţial devine M = 1. De exemplu, dacă roata 4 este imobilizată, prin acţionarea barei 3 mişcarea se transmite multiplicată la roata centrală 1, a cărei viteză unghiulară este,

$$\omega_1 = 2\omega_3 \qquad (2.31)$$

ceea ce se obţine din (2.30), pentru $\omega_4 = 0$.

În acest caz, viteza unghiulară relativă a roţii 2 faţă de bara 3 se deduce scriind raportul de transmitere între roţile 2 şi 4 în ipoteza imobilizării barei 3,

$$i_{24}^3 = \frac{\omega_2 - \omega_3}{\omega_4 - \omega_3} = \frac{\omega_{23}}{-\omega_3} \qquad (2.32)$$

67

din care rezultă $\omega_{23} = -\omega_3 \cdot i_{24}^3$.

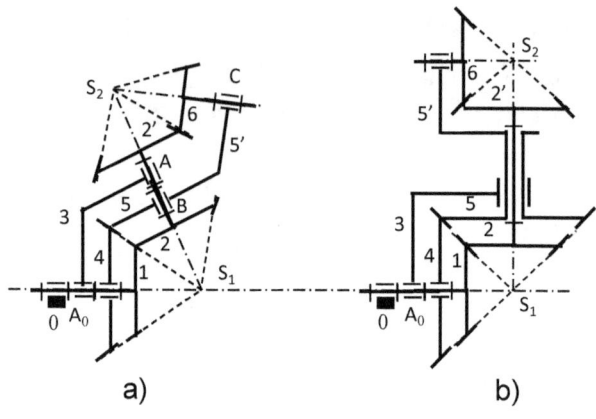

a)   b)

Fig. 2.13

Mecanismele spaţiale complexe cu roţi dinţate conice se obţin, din cele analizate anterior, prin operaţia de supraetajare a lanţului cinematic cu bare [A10].

Prin supraetajare [A10], mecanismul spaţial are cel puţin două bare articulate (fig. 2.13), în care angrenajele conice sunt oarecare (fig. 2.13a) sau ortogonale (fig. 2.13b).

Cele două scheme cinematice (fig. 2.13a,b) sunt izomorfe, având aceeaşi structură topologică, cu două bare (3 şi 5) şi cu trei angrenaje conice (1, 2), (4, 5) şi (2', 6).

Se observă că primele două angrenaje conice (1, 2) şi (4, 5) au axele confundate, acestea fiind concurente în punctul S_1, iar la cel de al treilea angrenaj conic (2', 6) axele se intersectează în S_2.

De asemenea, roata dinţată 5 este solidară cu bara 5' care realizează articulaţia cu roata 6. Mobilitatea celor două mecanisme spaţiale complexe este M = 3, valoare ce rezultă din calcul cu ajutorul formulei (2.1) particularizată:

$$M = C_1 + 2C_2 - 3N_3 = 6 + 2 \cdot 3 - 3 \cdot 3 = 3 \quad (2.33)$$

Pentru calculul numeric din formula (2.33) s-au identificat, pentru fiecare din cele două scheme cinematice (fig. 2.13), următorii parametrii structural-topologici:

$$m = 1, C_1 = 6; \quad m = 2, C_2 = 3; \quad r = 3, \ n = 6, N_3 = 3 \quad (2.34)$$

Corespunzător fiecărei mobilităţi există un lanţ cinematic distinct: lanţul cu bare (0, 3), lanţul cu bare şi roţi dinţate conice (0, 4, 5–5') şi lanţul cu roţi dinţate conice (0, 1, 2-2', 6).

Cele trei lanţuri cinematice sunt legate între ele prin axele comune, una mobilă pentru trei elemente (2, 3, 5) şi alta fixă pentru patru elemente (0, 1, 3, 4).

Se constată că cele trei contururi cinematice deschise sunt cuplate parţial, astfel la acţionarea lanţului cinematic (0, 1, 2-2', 6) celelalte 2 lanţuri nu sunt antrenate în mişcare.

Acţionarea lanţului cinematic (0, 4, 5–5') influenţează numai lanţul (0, 1, 2–2', 6), căruia îi imprimă o primă mişcare suplimentară.

Prin acţionarea lanţului cinematic (0, 3), mişcarea se transmite la celelalte două lanţuri cinematice (0, 4, 5–5') şi (0, 1, 2–2', 6), dintre care ultimul lanţ primeşte o a doua mişcare suplimentară. Algoritmul de calcul în analiza cinematică a acestui mecanism spaţial complex (fig. 2.13), cu mobilitate M = 3, evidenţiază trei faze de lucru:

I) $\omega_1 \neq 0, \ \omega_3 = 0, \ \omega_4 = 0$, când se calculează

$$\omega_{65}^I = \omega_1 \cdot i_{16}^{3,5} = -\omega_1 \cdot \frac{z_1 \cdot z_{2'}}{z_2 \cdot z_6} \quad (2.35)$$

II) $\omega_1 = 0, \ \omega_3 = 0, \ \omega_4 \neq 0$, pentru care rezultă:

$$\omega_{53}^{II} = \omega_1 \cdot \frac{z_4}{z_5}; \ \omega_{65}^{II} = \omega_{53}^{II} \cdot \frac{z_{2'}}{z_6} \qquad (2.36)$$

III) $\omega_1 = 0, \omega_3 \neq 0, \omega_4 = 0$, care duce la:

$$\omega_{53}^{III} = -\omega_3 \cdot \frac{z_4}{z_5}; \ \omega_2^{III} = -\omega_3 \cdot \frac{z_1}{z_2}; \ \omega_{65}^{III} \qquad (2.37)$$

2.2.2. Mecanisme spaţiale cu bare şi roţi dinţate cu contur închis

Această clasă de mecanisme spaţiale au, ca lanţ principal cu bare, un contur cinematic articulat de tip patrulater sferic 4R, patrulater spaţial RCCR şi RCCC, pentalater sferic şi spaţial RRCCR, hexalater spaţial RRRCRR şi heptalater spaţial 7R.

2.2.2.1. Mecanisme spaţiale cu patrulater sferic. Se formează prin suprapunerea lanţului format din două, trei şi patru roţi dinţate conice. Roţile dinţate sunt elemente cinematice distincte sau sunt montate solidar cu unele bare ale conturului patrulater sferic. Se consideră mecanismul sferic tip manivelă – balansier (fig. 2.14) la care se ataşează un angrenaj conic, două sau trei angrenaje conice [A6]. Bara balansier 3 (BB₀) este perpendiculară pe axa fixă de rotaţie ce se proiectează în punctul B_0.

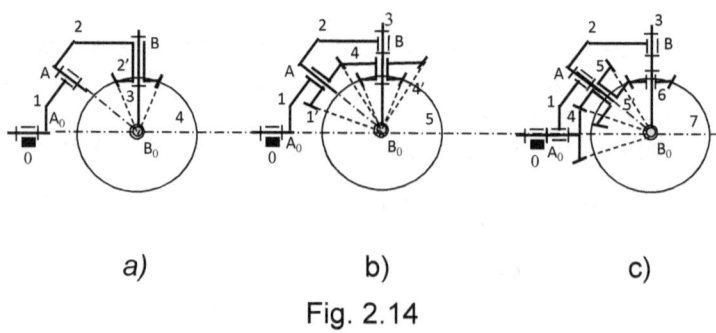

a)   b)   c)

Fig. 2.14

Varianta 1 (fig. 2.14a) se obţine prin ataşarea la patrulaterul sferic (0, 1, 2, 3) a angrenajului conic ortogonal (2', 4), astfel încât roata 2' este solidară cu bara 2 şi roata 4 are axul fix comun cu cel al barei 3, cu mişcare oscilantă de balansier.

Mobilitatea mecanismului spaţial sferic este M = 1, aceasta se calculează cu formula (2.1) sub forma particulară:

$$M = C_1 + 2C_2 - 3N_3 = 5 + 2 \cdot 1 - 3 \cdot 2 = 1 \qquad (2.38)$$

unde s-au folosit valorile numerice specifice schemei cinematice (fig. 2.14a):

$$m = 1, C_1 = 5; \quad m = 2, C_2 = 1; \quad r = 3, \quad n = 4, N_3 = 2 \qquad (2.39)$$

Viteza unghiulară a roţii 4 se calculează în funcţie de vitezele unghiulare ale barelor 2 şi 3 şi raportul de transmitere al angrenajului conic (2', 4).

Varianta 2 (fig. 2.14b) se obţine prin ataşarea la patrulaterul sferic articulat a lanţului cinematic format din două angrenaje conice (1', 4) şi (4', 5), în care roata 1' este solidară cu bara 1. Angrenajul conic (1', 4) are unghiul dintre axele roţilor 1' şi 4 egal cu $\angle(AB_oB)$ format de axele articulaţiilor din A şi B. Angrenajul (4', 5) este ortogonal şi el. Mobilitatea mecanismului spaţial cu două angrenaje este M = 1, valoarea respectivă rezultând prin calcul din formula (2.1) sub forma particulară:

$$M = C_1 + 2C_2 - 3N_3 = 6 + 2 \cdot 2 - 3 \cdot 3 = 1 \qquad (2.40)$$

în care s-au înlocuit valorile numerice ale parametrilor structural-topologici:

$$m = 1, C_1 = 6; \quad m = 2, C_2 = 2; \quad r = 3, \quad n = 5, N_3 = 3 \qquad (2.41)$$

Varianta 3 (fig. 2.14c) are în componenţă trei angrenaje conice, la care roata 4 este element distinct cu axa fixă comună cu a barei 1, roţile 5(5') sunt montate liber pe axa articulaţiei din A, roata 6 este montată liber pe axa articulaţiei din B, iar roata 7 condusă este montată liber pe axul fix al articulaţiei din B_0. Mobilitatea acestui mecanism spaţial complex este M =2, aşa cum rezultă din calculul numeric, folosind formula (2.1) particularizată:

$$M = C_1 + 2C_2 - 3N_3 = 8 + 2 \cdot 3 - 3 \cdot 4 = 2 \qquad (2.42)$$

unde s-au înlocuit valorile specifice schemei cinematice (fig. 2.14c):

$$m = 1, C_1 = 8; \quad m = 2, C_2 = 3; \quad r = 3, \ n = 7, N_3 = 4 \qquad (2.43)$$

2.2.2.2. Mecanisme spaţiale cu lanţ patrulater tip RCCR

Lanţul cinematic cu bare este format cu două articulaţii la bază (A_0, B_0) şi două cuple cilindrice (A, B) cu axele mobile ortogonale (fig. 2.15).

Se porneşte de la mecanismul spaţial cu bare tip RCCR (fig. 2.15a) care transformă rotaţia manivelei 1 într-o rotaţie limitată a barei 3 de tip balansier. Axele fixe ale articulaţiilor din A_0 şi B_0 sunt perpendiculare neconcurente sau concurente.

Bara 2 este formată din două segmente ortogonale în S, având fiecare direcţia paralelă cu axa uneia din articulaţiile A_0 şi B_0. Aceste condiţii determină mişcarea barei 2, care este una de translaţie circulară în spaţiu. Deoarece lipseşte rotaţia faţă de normala comună la axele fixe din A_0 şi B_0, spaţiul asociat conturului cinematic spaţial (0, 1, 2, 3) este $r = 5$.

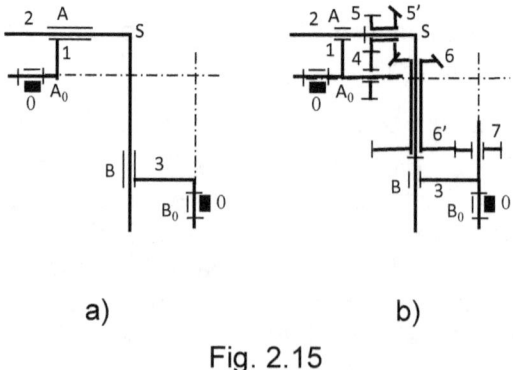

a)   b)

Fig. 2.15

Mobilitatea acestui mecanism se calculează cu formula (2.1) particularizată în forma:

$$M = C_1 + 2C_2 - 5N_5 = 2 + 2 \cdot 2 - 5.1 = 1 \qquad (2.44)$$

La acest lanţ cinematic cu bare (0, 1, 2, 3) se ataşează un lanţ cinematic cu roţi dinţate cilindrice (4, 5, 6', 7) şi conice (5', 6), împreună cu care formează mecanismul spaţial complex cu bare şi roţi dinţate (fig. 2.15b).

Mobilitatea mecanismul spaţial complex se calculează cu formula (2.1) scrisă în forma:

$$M = C_1 + 2C_2 - (3N_3 + 5N_5) =$$
$$= 6 + 2 \cdot 5 - (3 \cdot 3 + 5 \cdot 1) = 2 \qquad (2.45)$$

De menţionat că roţile dinţate cilindrice 4 şi 7 sunt legate prin cuple cilindrice la arborii articulaţiilor respective din A_0 şi B_0.

Cele două mobilităţi sunt identificate la bara 1 (ca manivelă) şi la roata 4 (ca mişcare de rotaţie).

2.2.2.3. Mecanisme spaţiale cu lanţ patrulater tip RCCC

Mecanismul spaţial cu lanţ cinematic patrulater tip RCCC (fig. 2.16a) are axele dispuse oricum în spaţiu, astfel că lanţul adiţional va avea în componenţă angrenaje hipoide (4,5) şi (5', 6) în care unele roţi hipode culisează în lungul axelor de rotaţie (fig. 2.16b).

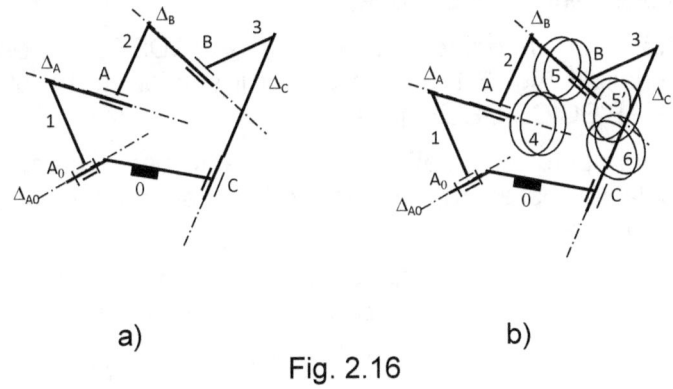

a)   b)

Fig. 2.16

2.2.2.4. Mecanisme spaţiale cu lanţ heptalater tip 7R

Lanţul cinematic cu şapte bare articulate formează un contur închis heptagon şi are cele şapte axe de rotaţie dispuse oricum în spaţiu (fig. 2.17a).

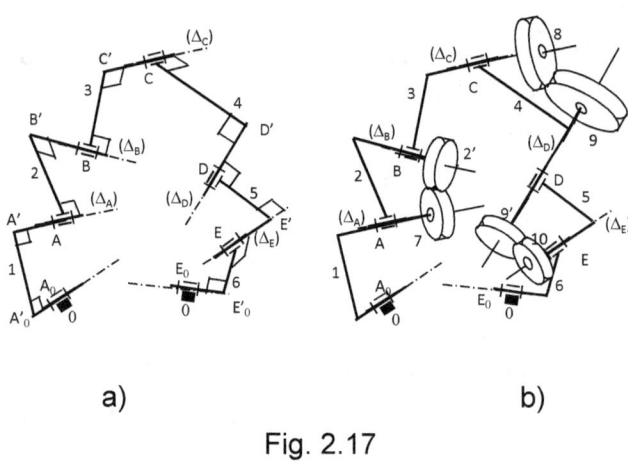

a)   b)

Fig. 2.17

Fiecare element cinematic este o bară articulată, a cărei lungime corespunde normalei comune la două axe de rotaţie vecine, care în general sunt axe încrucişate (neconcurente şi neparalele).

Conturul heptagon spaţial ($A_0ABCDEE_0A_0$) este materializat (fig. 2.17a) prin conturul spaţial cu 13 laturi ($A'_0A'AB'BC'CD'DE'EE'_0E_0A'_0$).

Unui contur cinematic închis de şapte bare, cu axele articulaţiilor oarecare, îi corespunde un spaţiu asociat de rang maxim ($r = 6$).

Rangul spaţiului asociat este maxim ($r = 6$), chiar dacă o parte din cele şapte axe sunt concurente sau paralele.

Un astfel de mecanism spaţial cu bare articulate (cu toate cele şapte cuple cinematice de clasa $m = 1$) este echivalent structural-topologic unui mecanism cu angrenaj hipoid (cu două cuple de clasa $m = 1$ şi o cuplă de clasa $m = 5$, reprezentată de contactul punctiform al suprafeţelor dinţilor conjugaţi).

Mobilitatea mecanismului spaţial cu bare articulate este $M = 1$, ceea ce se verifică prin calcul cu formula (2.1) particularizată sub forma:

$$M = C_1 - 6N_6 = 7 - 6 \cdot 1 = 1 \qquad (2.46)$$

La acest lanţ cinematic spaţial se ataşează unul sau mai multe lanţuri spaţiale cu angrenaje hipoide (fig. 2.17b), mecanismul obţinut este cu bare şi roţi dinţate hipoide (hiperboloidale).

În cazul considerat (fig. 2.17b) au fost ataşate trei angrenaje hipoide: angrenajul $(7, 2')$ între axele (Δ_A) şi (Δ_B), angrenajul $(8, 9)$ între (Δ_C) şi (Δ_D) respectiv angrenajul $(9', 10)$ între (Δ_D) şi (Δ_E).

Prin ataşarea celor trei angrenaje hipoide se formează trei contururi închise de rangul maxim, astfel că mobilitatea mecanismului spaţial complex cu bare şi roţi dinţate hipoide se calculează cu formula:

$$M = C_1 + 5C_5 - 6N_6 = 11 + 5 \cdot 3 - 6 \cdot 4 = 2 \qquad (2.47)$$

În aplicarea formulei de mai sus s-a ţinut seama că roţile 7, 8, 9(9') şi 10 sunt montate liber pe axele respective (Δ_A), (Δ_C), (Δ_D) şi (Δ_E).

2.2.2.5. Mecanisme spaţiale cu lanţ pentalater sferic

Aceste mecanisme spaţiale se formează prin ataşarea la un lanţ pentagonal sferic a două sau mai multe angrenaje conice, obţinându-se mai multe variante cu mobilitatea unu, doi sau mai mare.

Se prezintă mai jos (fig. 2.18a) un exemplu de mecanism sferic cu bare şi roţi dinţate conice cu mobilitatea unu.

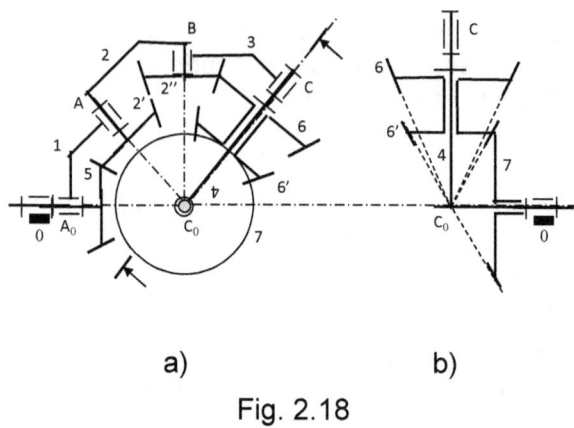

a)   b)

Fig. 2.18

Lanţul cinematic sferic cu bare articulate (fig. 2.18a) are în componenţă elementele mobile 1, 2, 3 şi 4 articulate între ele şi legate la elementul fix 0 prin axele ortogonale din A_0 şi C_0. La acest lanţ cinematic cu bare se ataşează un lanţ cinematic cu roţi format din trei angrenaje conice (5, 2'), (2'', 6) şi (6', 7).

Primele două angrenaje conice sunt reprezentate în proiecţie axială, iar cel de al treilea angrenaj conic apare în proiecţie transversală (fig. 2.18a). Angrenajul conic (6', 7) a fost reprezentat şi în proiecţie axială (fig. 2.18b).

Mobilitatea mecanismului sferic complex se calculează cu formula (2.1) în forma particulară:

$$M = C_1 + 2C_2 - 3N_3 = 8 + 2 \cdot 3 - 3 \cdot 4 = 2 \quad (2.48)$$

Cele două mobilități sunt reprezentate de rotațiile independente ale elementelor de intrare (bara 1 și roata 5), iar elementul condus este roata dințată 7.

2.2.2.6. Mecanisme spațiale cu lanț hexalater sferic

Se pornește de la mecanismul sferic cu 5 bare mobile la care se atașează un lanț cinematic cu roți dințate conice în mai multe variante structural-topologice, dintre care mai jos se prezintă o variantă cu patru angrenaje conice (fig. 2.19) cu mobilitatea M = 2.

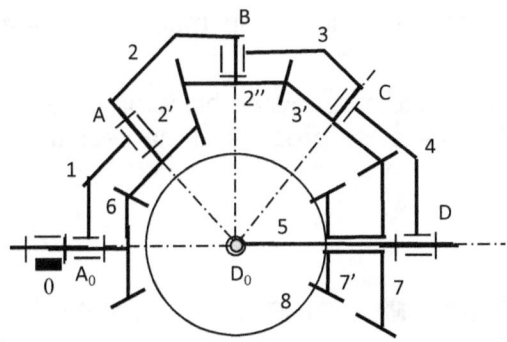

Fig. 2.19

Cap. 3. ANALIZA CINEMATICĂ A MECANISMELOR PLANE CU BARE, CU DOUĂ CONTURURI ȘI UN ANGRENAJ

Sunt considerate mecanismele cu bare cu două contururi, la care primul contur este mecanismul patrulater plan (4R), iar al doilea contur este realizat cu unul din cele 5 tipuri de lanțuri diadă (RRR, RRT, RTR, TRT, RTT).

La acest mecanism bicontur se adaugă unul sau mai multe angrenaje cilindrice.

Analiza cinematică se urmărește în detaliu la mecanismul bicontur articulat tip R-RRR-RRR, la care s-a atașat un angrenaj cilindric în mai multe variante [Ș1], [Ș2].

Pentru celelalte mecanisme bicontur, cu una sau două cuple de translație, se prezintă numai rezultatele analizei cinematice.

3.1. MECANISMUL CU B. ȘI R.D. TIP R+RRR+RRR

3.1.1. Mecanismul R+RRR+RRR(3,0)

3.1.1.1. Mecanismul R+RRR+RRR(3,0)+C(3,4)

Se consideră mecanismul patrulater plan R+RRR (fig. 3.1), la care se adaugă diada de aspectul 1 (RRR), legată la elementele 3 și 0 și un angrenaj la care cele două roți dințate sunt legate la barele 3 și 4.

Roata 3 are centrul plasat în articulaţia C, fiind solidară cu bara 3, astfel încât va avea aceleaşi caracteristici cinematice ca elementul 3.

Roata 6 are axul de rotaţie în punctul N al barei 4 (fig. 3.1).

Ca variantă este cea care se obţine când roţile sunt montate invers, adică o roată este solidară cu 4 iar cealaltă se roteşte faţă de elementul 3.

Se analizează în continuare numai prima variantă (fig. 3.1).

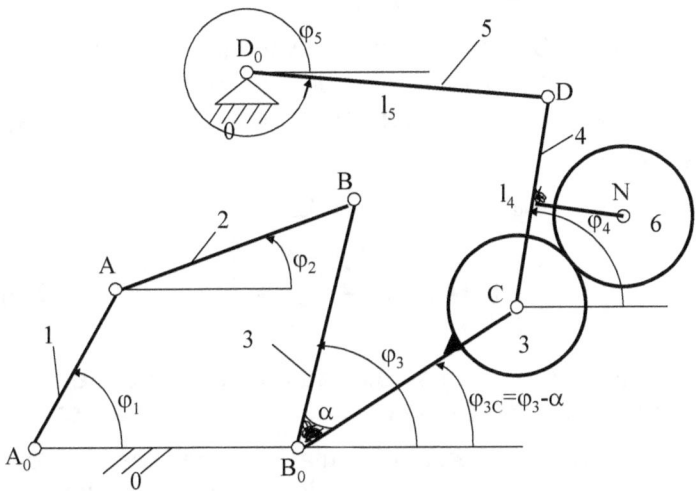

Fig. 3.1. Mecanism cu bare şi roti dintate R+RRR+RRR(3,0)+C(3,4)a

Distanţa CN se poate exprima în funcţie de numărul de dinţi ai roţii 6, de raportul de transmitere de la roata 6 la roata 3, cât şi de modulul angrenajului 3-6:

$$CN=a_{STAS}=r_3+r_6=1/2.m_t.(z_3+z_6)=$$

$$=m_{STAS}.z_6/(2.\cos\beta).(1+z_3/z_6)=m_t.z_6/2.(1+|i_{63}|) \qquad (3.1)$$

unde

$$|i_{63}|=z_3/z_6 \qquad (3.2)$$

Se scrie relaţia lui Willis pentru angrenajul 3-6, unde elementul 4 joacă rolul de portsatelit :

$$i^4_{36}=(\omega_3-\omega_4)/(\omega_6-\omega_4)= - z_6/z_3 \qquad (3.3)$$

Din egalitatea din dreapta relaţiei (3.3) rezultă:

$$-z_3.\omega_3+z_3.\omega_4 = z_6.\omega_6-z_6.\omega_4 \qquad (3.4)$$

care se mai scrie şi sub formele:

$$\omega_6=\omega_4.(z_3+z_6)/z_6 - z_3/z_6.\omega_3 \qquad (3.5)$$

$$\omega_6=(1+|i_{63}|).\omega_4 - |i_{63}|.\omega_3 \qquad (3.6)$$

Relaţia (3.6) exprimă pe ω_6 (viteza unghiulară a roţii 6), iar prin integrarea acesteia se obţine deplasarea unghiulară φ_6 şi prin derivarea ei se află acceleraţia unghiulară ε_6:

$$\varphi_6=(1+|i_{63}|).\varphi_4 - |i_{63}|.\varphi_3 \qquad (3.7)$$

$$\varepsilon_6=(1+|i_{63}|).\varepsilon_4 - |i_{63}|.\varepsilon_3 \qquad (3.8)$$

Relaţiile (3.6), (3.7) şi (3.8) au un caracter general, ele putându-se aplica direct la orice mecanism de acest fel.

Astfel pentru viteza unghiulară a roţii libere l, care angrenează cu roata sudată s, iar elementul portsatelit p susţine axul roţii l, putem scrie:

$$\omega_l=(1+|i_{ls}|).\omega_p - |i_{ls}|.\omega_s \qquad (3.9)$$

La fel se generalizează deplasarea şi acceleraţia unghiulară a roţii l:

$$\varphi_l=(1+|i_{ls}|).\varphi_p - |i_{ls}|.\varphi_s \qquad (3.10)$$

$$\varepsilon_l=(1+|i_{ls}|).\varepsilon_p - |i_{ls}|.\varepsilon_s \qquad (3.11)$$

Pentru calculul efectiv al acestor parametri (fig. 3.2, 3.3) se utilizează programe de calcul tabelar (scrise în excel).

Parametrii care mai influenţează aceste diagrame sunt însă mai mulţi (nu numai unghiul de rotaţie al manivelei 1): turaţia manivelei, n_1, lungimile mecanismului patrulater articulat, l_1, l_2, l_3, l_0, lungimile celor două elemente ale diadei suplimentare, l_4, l_5, lungimea de legătură B_0C dar şi unghiul α, coordonatele punctului D_0, x_{D0}, y_{D0}, cât şi raportul de transmitere de la roata 6 la roata 3 luat în valoare absolută (fără a mai ţine cont de semnul '–' care arată doar schimbarea sensului de rotaţie de la o roată a angrenajului exterior la cealaltă roată).

Urmărind modul în care toţi aceşti parametri pot influenţa variaţia diagramelor poziţiilor, vitezelor şi acceleraţiilor unghiulare ale roţii 6 (fig. 3.2, 3.3) se constată următoarele:

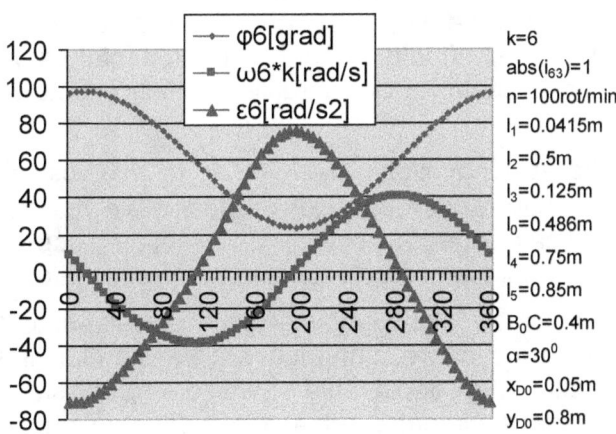

Fig. 3.2. Cinematica rotii 6; cazul R-RRR-RRR(3,0);C(3,4)a

81

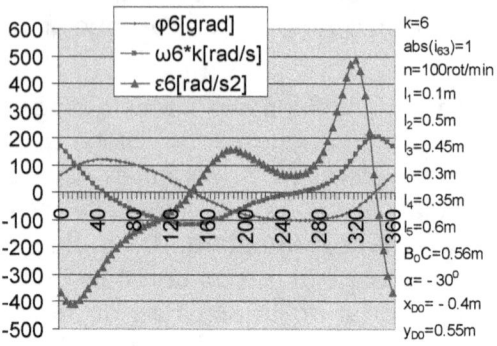

Fig. 3.3. Cinematica rotii 6; cazul R-RRR-RRR(3,0); C(3,4)a;
Mecanismul patrulater functionează cu balansierul desimetrizat.

Factorul k este un factor de amplificare, ce permite ca valorile vitezei unghiulare ω_6, să poată fi vizibile pe aceeaşi diagramă cu poziţiile şi acceleraţiile (care au valori mai mari, deplasările unghiulare fiind exprimate în grade).

Pentru ABS(i_{63}) se ia la început valoarea 1 (deci roţile au un număr egal de dinţi), observând că mărirea acestui raport nu face altceva decât să crească valorile deplasărilor, vitezelor şi acceleraţiilor, la fel ca şi turaţia manivelei 1.

Schimbarea lungimilor l_1, l_2, l_3, l_0, l_4, l_5, B_0C, cât şi a unghiului α, sau a coordonatelor de poziţie ale punctului D_0, modifică uneori chiar substanţial aspectul diagramelor, mai ales pe cele de acceleraţii şi de viteze.

La început s-au folosit lungimile patrulaterului articulat simetric, cu funcţionare simetrică a balansierului şi se observă faptul că şi deplasările şi vitezele roţii 6 sunt în general aproape simetrice, chiar dacă simetria nu este perfectă şi acest lucru se observă mai ales la acceleraţii, dar uneori şi la viteze (fig. 3.2).

Modificând pe rând toţi parametrii mai sus pomeniţi, în limite cât mai largi cu putinţă, se obţin unele asimetrizări ale curbelor respective, chiar în condiţiile în care balansierul mecanismului patrulater articulat se mişcă perfect simetric.

În cazul unor diagrame se observă o amplificare a gradului de asimetrizare, dar la altele această asimetrizare scade considerabil odată cu valorile absolute ale deplasărilor, vitezelor şi acceleraţiilor, acest fapt datorându-se unei reduceri considerabile a lungimii elementului de intrare, elementului conducător (manivela 1).

Iată că pentru a scădea valorile vitezelor şi acceleraţiilor sistemului, inclusiv cele ale roţii 6, trebuie ca manivela 1 conducătoare să aibă o turaţie cât mai mică posibil, dar şi o lungime cât mai mică cu putinţă.

Un efect similar se obţine atunci când scade valoarea raportului de transmitere de la roata 6 la roata 3.

Lungimile celelalte influenţează în mod deosebit şi divers valorile absolute ale parametrilor cinematici ai roţii 6, influenţa fiind diferită de la un parametru la altul dar şi în cazul aceluiaşi parametru, în funcţie de valoarea celorlalţi (există o dependenţă între aceşti parametri).

Lungimile l_4 şi l_5 inflenţează invers faţă de parametrii l_1, n_1, $|i_{63}|$, creşterea lor micşorând valorile parametrilor cinematici ai roţii 6.

Dacă se face unghiul $\alpha=0$ se obţin valori aproape simetrice pentru parametrii cinematici ai roţii 6, în condiţiile în care se păstrează funcţionarea simetrică a balansierului 3, aparţinând mecanismului iniţial (patrulaterul articulat).

Deşi se micşorează considerabil B_0C, în condiţiile în care unghiul α rămâne egal cu zero, simetria sistemului se păstrează (nu se ia în consideraţie defazajul, deoarece putem porni mişcarea din orice punct); fenomenul este normal, deoarece pentru $\alpha=0$ punctul C se va găsi chiar pe balansier, iar balansierul fiind reglat cu funcţionare simetrică automat şi roata 3 are o mişcare simetrică pe care o impune şi roţii 6.

Creşterea valorii absolute a raportului de transmitere, de la roata 6 la roata 3, determină o creştere a valorilor deplasărilor, vitezelor şi acceleraţiilor roţii 6.

Dacă nu se ţine cont de relaţiile care simetrizează mişcarea balansierului 3, al mecanismului patrulater clasic, lungimile patrulaterului articulat fiind luate arbitrar; rezultatul este o asimetrizare pronunţată a mişcării, ceea ce se observă mai bine la viteze, dar şi mai bine la acceleraţiile roţii 6 (vezi figura 3.3).

3.1.1.2. Mecanismul R+RRR+RRR(3,0)+D(4,5)a

În figura 3.4 este prezentat mecanismul patrulater plan, la care se adaugă diada de aspectul 1 (RRR) şi cele două roţi dinţate prinse în articulaţia D(4,5). Practic o roată are axul comun cu cupla D, este vorba de roata 4, sau s fixată (sudată) pe elementul 4. Roata liberă I sau 6, se roteşte pe un ax solidar cu elementul 5.

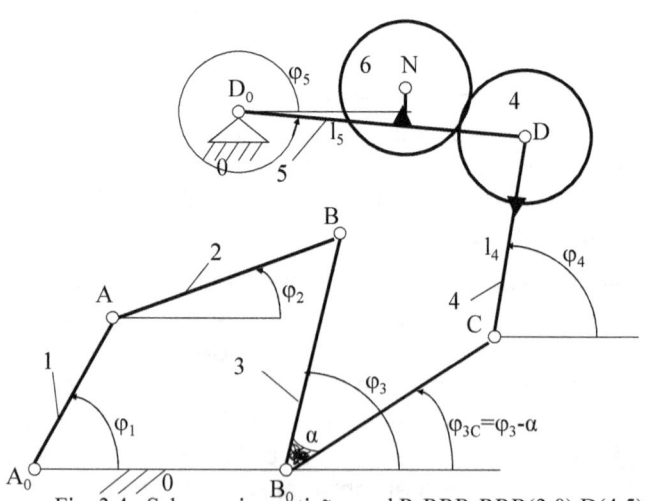

Fig. 3.4. Schema cinematică; cazul R-RRR-RRR(3,0);D(4,5)a

Determinarea formulei pentru viteze se face prin identificarea cu relaţia generală 3.9 de la paragraful anterior, $[\omega_i=(1+ |i_{Is} |).\omega_p - |i_{Is} |.\omega_s$ (3.9)]:

$$\omega_6=(1+ |i_{64} |).\omega_5 - |i_{64} |.\omega_4 \qquad (3.12)$$

Se obţin prin integrare şi derivare deplasarea unghiulară şi respectiv acceleraţia unghiulară a roţii 6:

$$\varphi_6=(1+ |i_{64} |).\varphi_5 - |i_{64} |.\varphi_4 \qquad (3.13)$$

$$\varepsilon_6=(1+ |i_{64} |).\varepsilon_5 - |i_{64} |.\varepsilon_4 \qquad (3.14)$$

Programul de calcul ne arată modul de variaţie al celor trei parametri cu unghiul φ_1, dar şi cu toţi ceilalţi parametri de intrare (vezi figura 3.5).

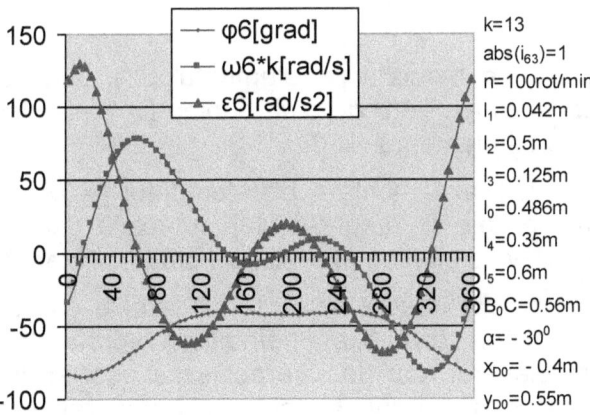

Fig. 3.5. Cinematica rotii 6; cazul R-RRR-RRR(3,0);D(4,5)a

3.1.1.3. Mecanismul R+RRR+RRR(3,0)+D₀(5,0)a

În figura 3.6 este prezentat cazul R-RRR-RRR(3,0); $D_0(5,0)a$, adică ne deplasăm în cupla D_0.

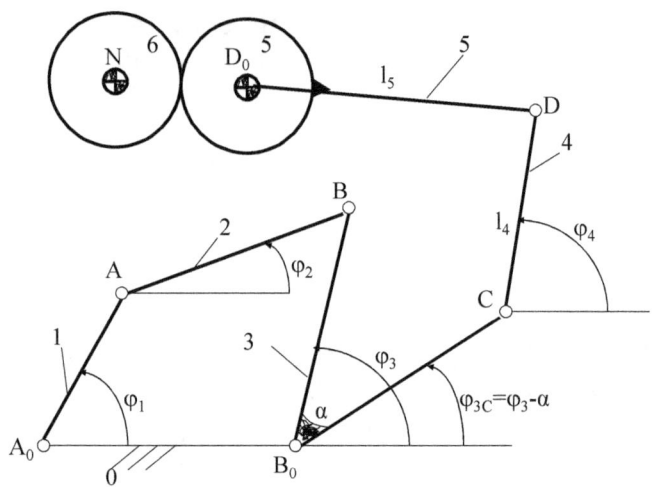

Fig. 3.6. Schema cinematică; cazul R-RRR-RRR(3,0);$D_0(5,0)a$

Roata 5 este montată pe elementul 5 şi sudată de acesta, având axul în dreptul cuplei D_0 care leagă elementul 5 de elementul fix 0.

Roata 6 are axa montată pe elementul fix 0, astfel încât ambele roţi ale angrenajului au axele fixe, deci angrenajul devine unul cu axe fixe (se particularizează).

Relaţiile de calcul sunt acum foarte simple ca pentru un angrenaj cu axe fixe, nemaifiind vorba de un mecanism planetar, dar deşi se pot scrie uşor şi direct, noi vom prefera să utilizăm totuşi formula generală pentru deducerea lor, pentru a păstra aspectul de generalitate al teoriei deja prezentate:

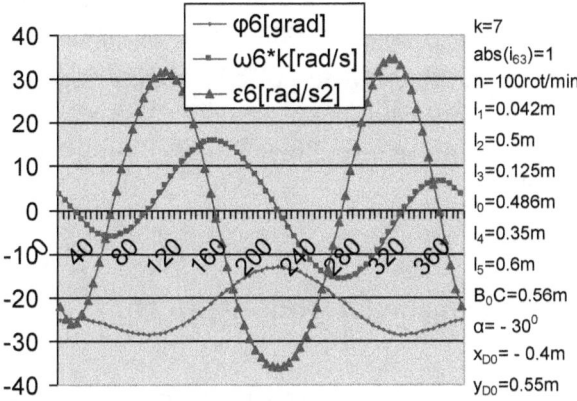

Fig. 3.7. Cinematica rotii 6; cazul R-RRR-RRR(3,0); $D_0(5,0)$a

$$\omega_6=(1+ |i_{65}|).\omega_0 - |i_{65}|.\omega_5 \qquad (3.15)$$

$$\varphi_6=(1+ |i_{65}|).\varphi_0 - |i_{65}|.\varphi_5 \qquad (3.16)$$

$$\varepsilon_6=(1+ |i_{65}|).\varepsilon_0 - |i_{65}|.\varepsilon_5 \qquad (3.17)$$

Dar cum în mod evident elementul fix nu se mişcă ($\omega_0=0$, $\varphi_0=0$, $\varepsilon_0=0$), rămân valabile doar relaţiile din dreapta, care coincid cu cele clasice pentru angrenajele cu axe fixe:

$$\omega_6= - |i_{65}|.\omega_5 \qquad (3.18)$$

$$\varphi_6= - |i_{65}|.\varphi_5 \qquad (3.19)$$

$$\varepsilon_6= - |i_{65}|.\varepsilon_5 \qquad (3.20)$$

Dacă se modifică programul de calcul în mod corespunzător se obţine diagrama din figura 3.7, la care am păstrat nemodificaţi toţi parametrii anteriori, singura schimbare fiind poziţionarea celor două roţi dinţate.

Se observă cu uşurinţă faptul că valorile deplasărilor, vitezelor şi acceleraţiilor scad simţitor, faţă de cazurile anterioare când lanţul cinematic cu roţi dinţate lucra în regim de planetar.

3.1.2. Mecanismul R+RRR+RRR(2,0)

3.1.2.1. Mecanismul R+RRR+RRR(2,0)+C(2,4)a

Acum se va modifica modul de legare al diadei suplimentare, prin faptul că aceasta nu se va mai lega la 3 şi 0 ci la elementul 2 şi la 0.

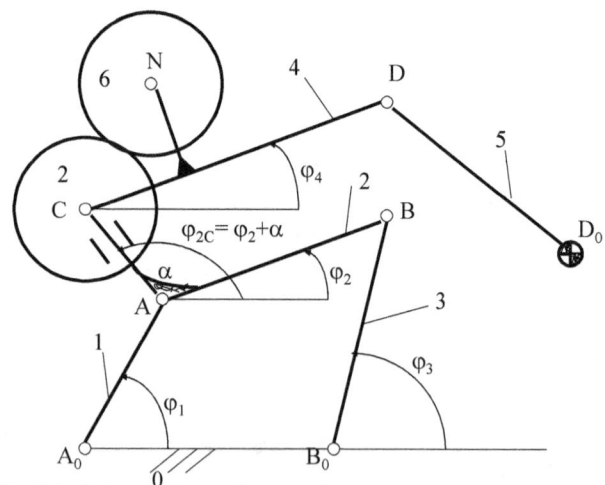

Fig. 3.8. Schema cinematică; cazul R-RRR-RRR(2,0); C(2,4)a

Cupla C de legătură va constitui pentru început locul de montaj al lanţului cinematic suplimentar (cel cu roţi dinţate); roata 2 se va monta pe elementul 2 cu axul ei în cupla cinematică C şi fiind sudată de elementul 2. Roata 6 va fi liberă şi cu axa prinsă de elementul 4 (primul element al diadei suplimentare).

În figura 3.8 se poate observa schema cinematică a acestui nou mecanism cu două lanţuri cinematice (unul cu bare şi altul cu roţi dinţate).

Cuplele de intrare în diada suplimentară 4,5 se notează tot cu C şi D_0.

Cupla C însă va constitui acum legătura dintre elementul 2 şi elementul 4. Cupla D_0 rămâne tot o legătură între elementul 5 şi cel fix 0.

S-a simbolizat în alt mod faptul că roata 2 este solidară cu elementul 2 şi se roteşte cu aceiaşi parametri ca şi elementul 2 (în loc de sudură s-a oprit rotaţia relativă dintre cele două elemente, elementul 2 şi roata 2, translaţia relativă fiind oricum oprită de cupla cinematică de rotaţie din C).

Relaţiile de calcul pentru parametrii cinematici ai roţii 6 se deduc uşor din cele generale (vezi relaţiile 3.21, 3.22 şi 3.23).

$$\omega_6 = (1 + |i_{62}|).\omega_4 - |i_{62}|.\omega_2 \qquad (3.21)$$

$$\varphi_6 = (1 + |i_{62}|).\varphi_4 - |i_{62}|.\varphi_2 \qquad (3.22)$$

$$\varepsilon_6 = (1 + |i_{62}|).\varepsilon_4 - |i_{62}|.\varepsilon_2 \qquad (3.23)$$

Diagramele din figura 3.9 se trasează cu aceste relaţii şi cu programul de calcul utilizat până acum, dar datele de intrare din programul de calcul se modifică corespunzător cu noua legare a diadei suplimentare.

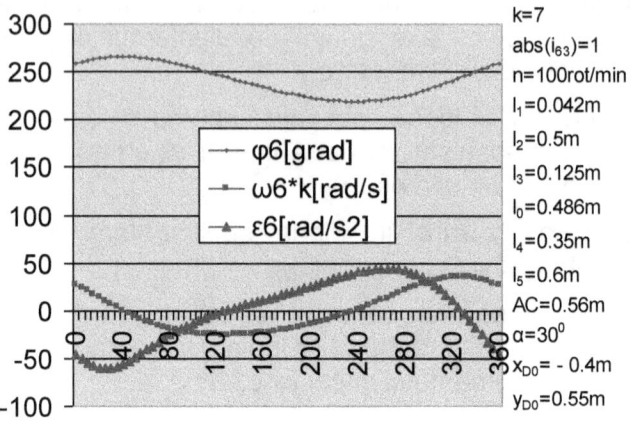

Fig. 3.9. Cinematica rotii 6; cazul R-RRR-RRR(2,0); C(2,4)a

Ca o observaţie imediată putem constata faptul că vitezele şi acceleraţiile sunt mai mici la noul mod de legare a diadei suplimentare (2,0), pentru parametrii de intrare conservaţi în totalitate, dar desigur funcţionarea prin noua legare se modifică sensibil, în bine, prin ameliorarea parametrilor cinematici de ieşire ai roţii 6.

3.1.2.2. Mecanismul R+RRR+RRR(2,0)+D(4,5)a

Acum cu diada suplimentară 4,5 legată la 2 şi 0, ne vom deplasa în punctul D.

Cupla cinematică de rotaţie D, leagă elementele diadei suplimentare, ea fiind o cuplă internă a diadei 4,5. Aici vom lega aşa cum ne-am obijnuit deja pentru cazul a, roata 4 la elementul 4, având axul chiar în cupla D şi vom prinde deasemenea şi roata liberă pe element, roata 6, cu axul de rotaţie prins pe elementul 5. Deci roata 4 este sudată sau prinsă pe elementul 4 şi are aceleaşi mişcări cu acesta, iar roata 6 este liberă pe elementul 5 rotindu-se liber pe el (vezi figura 3.10).

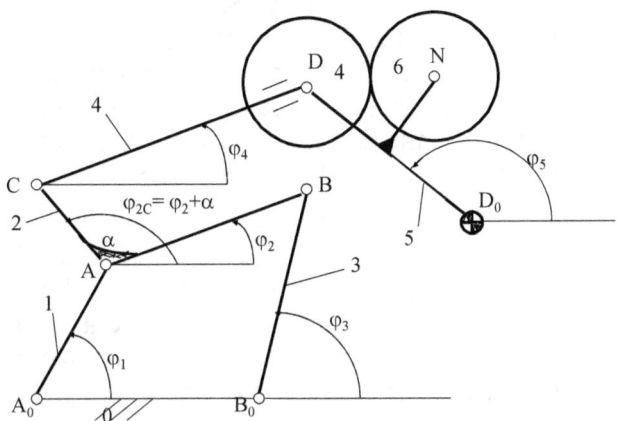

Fig. 3.10. Schema cinematică; cazul R-RRR-RRR(2,0); D(4,5)a

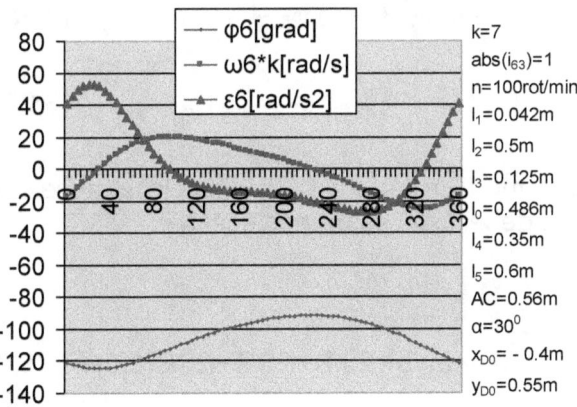

Fig. 3.11. Cinematica rotii 6; cazul R-RRR-RRR(2,0); D(4,5)a

Cupla D_0 am figurat-o în dreapta (fig. 3.10) dar ea poate practic să se mute şi în stânga schimbând locul cu cupla C (se poate face o rocadă, fără ca să comunicăm acest lucru programului de calcul, subrutina de calcul scrisă prin una din cele două metode vectorială sau geometro-analitică, automatizează acest proces); trebuie însă precizat întotdeauna dacă punctul D (cupla interioară a diadei suplimentare), se află în semiplanul superior sau în cel inferior, aşa cum se vede în desenul nostru cupla D se găseşte în semiplanul Nordic şi deci va trebui să atribuim contorului diadei (subrutinei) valoarea +1.

Relaţiile de calcul se deduc cu uşurinţă din cele generale. Cu ele şi cu programul de calcul prezentat anterior (cu subrutină cu tot) vom obţine diagramele din figura 3.11, care arată modul în care variază parametrii cinematici ai roţii 6 în funcţie de unghiul φ_1 de rotaţie a manivelei 1 (elementul conducător 1).

$$\omega_6 = (1 + |i_{64}|).\omega_5 - |i_{64}|.\omega_4 \qquad (3.24)$$

$$\varphi_6 = (1 + |i_{64}|).\varphi_5 - |i_{64}|.\varphi_4 \qquad (3.25)$$

$$\varepsilon_6 = (1 + |i_{64}|).\varepsilon_5 - |i_{64}|.\varepsilon_4 \qquad (3.26)$$

La acest mod de legare (2,0) vitezele şi acceleraţiile elementului de ieşire 6 se menţin scăzute.

3.1.2.3. Mecanismul R+RRR+RRR(2,0)+D_0(5,0)b

În figura 3.12 se poate observa cazul R-RRR-RRR(2,0); D_0(5,0)b.

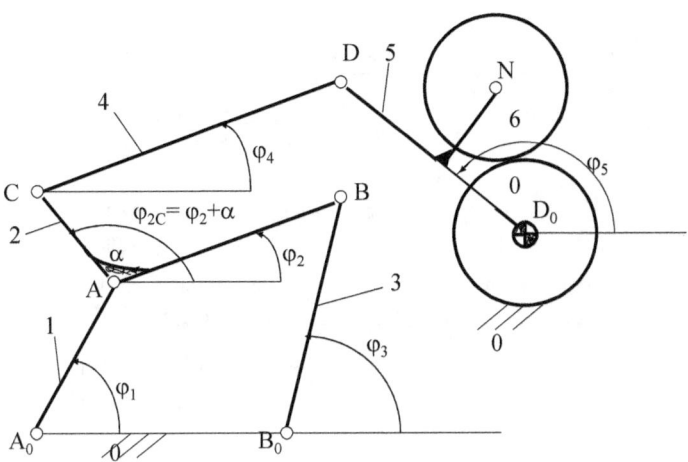

Fig. 3.12. Schema cinematică; cazul R-RRR-RRR(2,0); D_0(5,0)b

Cupla în jurul căreia se face montajul lanţului cu roţi dinţate este acum cupla D_0.

Acum cu diada suplimentară 4,5 legată la 2 şi 0, ne vom deplasa în punctul D_0 (cupla cinematică de rotaţie D_0, care leagă elementele diadei suplimentare, cuplă care este o cuplă internă a diadei 4,5), unde se va lega roata 0 la elementul fix 0, cu axul ei chiar în cupla D_0, iar roata de ieşire, liberă, 6, se va prinde liber cu axul ei undeva pe elementul 5 (vezi figura 3.12).

Schema de legare, a lanţului cinematic suplimentar cu roţi dinţate, corespunde cazului b, pentru cazul a, am fi avut roata sudată 5 pe elementul 5 cu axul ei în cupla D_0 şi roata liberă de ieşire 6, prinsă cu axul la elementul fix 0. Am ales cazul b deoarece cazul banal a, l-am mai studiat atunci când diada suplimentară 4,5 era legată la elementele 3 şi 0. Din programul de calcul obţinem diagramele cinematice din figura 3.13.

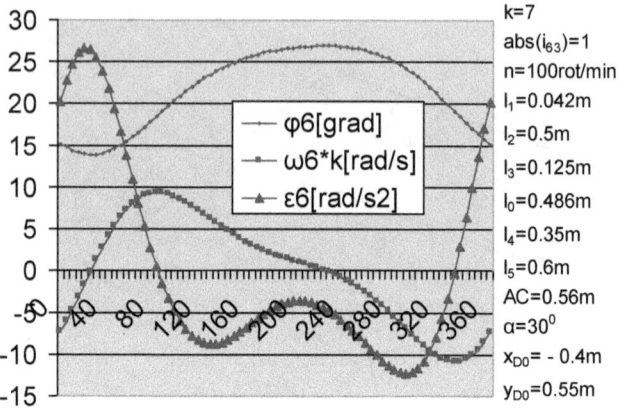

Fig. 3.13. Cinematica rotii 6; cazul R-RRR-RRR(2,0); $D_0(5,0)b$

Aşa cum era de aşteptat valorile maxime ale vitezelor şi acceleraţiilor scad şi mai mult, funcţionarea roţii 6, făcându-se în condiţii optime (obţinem astfel o funcţionare liniştită).

Cinematica se ameliorează la legarea (2,0) faţă de legarea (3,0), dar şi utilizarea punctului D_0 fix, pentru lanţul cinematic suplimentar aduce o ameliorare substanţială, ameliorare care era de aşteptat chiar şi în cazul folosirii metodei (a) de legare.

Este posibil să obţinem ameliorări suplimentare prin alte moduri de legare dar mai ales atunci când vom utiliza alte tipuri de diade pentru diada suplimentară 4,5.

Pentru cazul ales, b, relaţiile generale de calcul se vor particulariza în mod corespunzător.

$$\omega_6 = (1 + |i_{60}|).\omega_5 - |i_{60}|.\omega_0 \qquad (3.27)$$

$$\varphi_6 = (1 + |i_{60}|).\varphi_5 - |i_{60}|.\varphi_0 \qquad (3.28)$$

94

$$\varepsilon_6 = (1 + |i_{60}|).\varepsilon_5 - |i_{60}|.\varepsilon_0 \qquad (3.29)$$

Dacă pentru cazul a, dispăreau primele părţi din fiecare relaţie, adică părţile din stânga, rămânând doar partea din dreapta, la cazul b, lucrurile se petrec oarecum pe dos, adică dispare partea din dreapta a relaţiei şi rămâne partea stângă, lucru care se vede cu uşurinţă din relaţiile (3.27-3.29), căci ω_0, φ_0 şi ε_0 sunt mereu nule, astfel încât putem scrie relaţiile:

$$\omega_6 = (1 + |i_{60}|).\omega_5 \qquad (3.30)$$

$$\varphi_6 = (1 + |i_{60}|).\varphi_5 \qquad (3.31)$$

$$\varepsilon_6 = (1 + |i_{60}|).\varepsilon_5 \qquad (3.32)$$

3.1.3. Mecanismul R+RRR+RRR(2,3)

3.1.3.1. Mecanismul R+RRR+RRR(2,3)+C(2,4)a

Acum diada suplimentară 4,5 se va lega la elementele 2 şi 3, pentru început lanţul cinematic suplimentar format din cele două roţi dinţate fiind concentrat în jurul articulaţiei cinematice C (vezi figura 3.14).

Roata 2 va fi prisă de elementul 2 astfel încât să aibă aceiaşi parametri cinematici cu acesta, ea fiind o roată sudată sau prinsă de element, având axa chiar în cupla C (prin montaj).

Roata liberă 6, va avea axul prins de elementul 4 şi se va putea roti liber pe elementul 4 în jurul propriului ax, (totuşi ea este în interacţie cu roata 2, care îi va influenţa mişcarea, dar va primi şi mişcarea bielei 4 care o poartă asemenea unui portsatelit în jurul articulaţiei C).

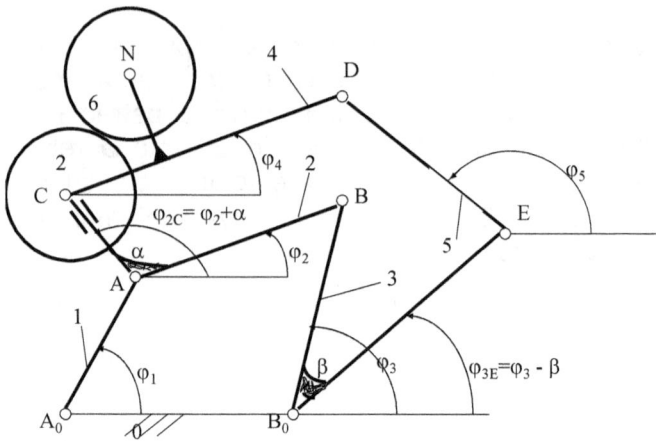

Fig. 3.14. Schema cinematică; cazul R-RRR-RRR(2,3); C(2,4)a

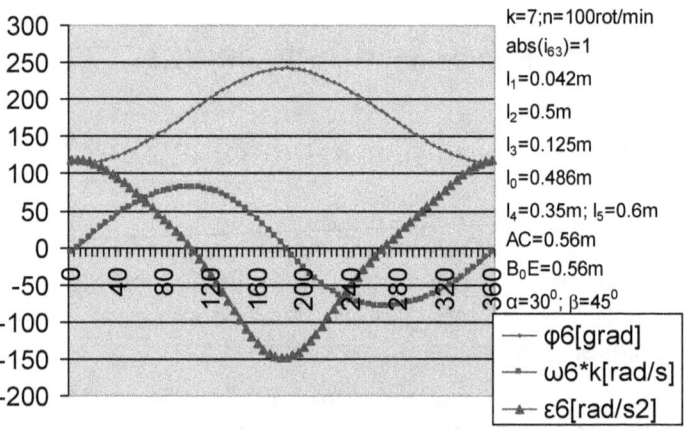

Fig. 3.15. Cinematica rotii 6; cazul R-RRR-RRR(2,3); C(2,4)a

Cupla C este legată la elementul 2 iar cupla E se leagă la elementul 3. Relaţiile de calcul se scriu:

$$\omega_6 = (1 + |i_{62}|).\omega_4 - |i_{62}|.\omega_2 \qquad (3.33)$$

$$\varphi_6 = (1 + |i_{62}|).\varphi_4 - |i_{62}|.\varphi_2 \qquad (3.34)$$

$$\varepsilon_6 = (1 + |i_{62}|).\varepsilon_4 - |i_{62}|.\varepsilon_2 \qquad (3.35)$$

După cum se poate vedea imediat, vitezele şi acceleraţiile cresc din nou la acest tip de legare (2,3), deci cinematica se înrăutăţeşte.

3.1.3.2. Mecanismul R+RRR+RRR(2,3)+D(4,5)a

Cu diada suplimentară 4,5 legată la elementele 2 şi 3, lanţul cinematic suplimentar format din cele două roţi dinţate fiind concentrat în jurul articulaţiei cinematice D obţinem schema cinematică din figura 3.16.

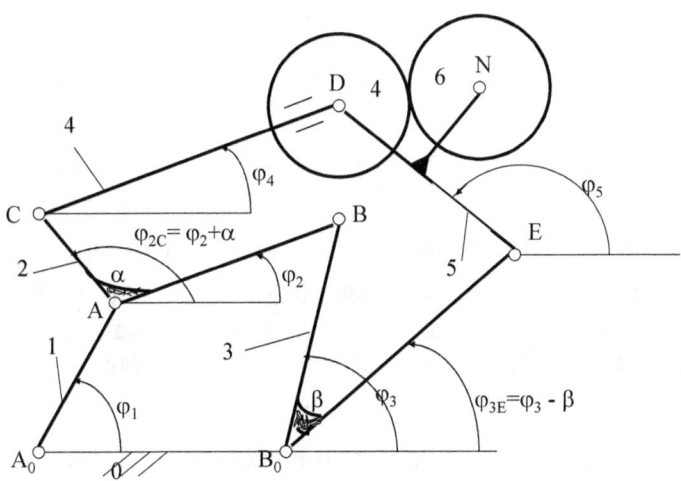

Fig. 3.16. Schema cinematică; cazul R-RRR-RRR(2,3); D(4,5)a

97

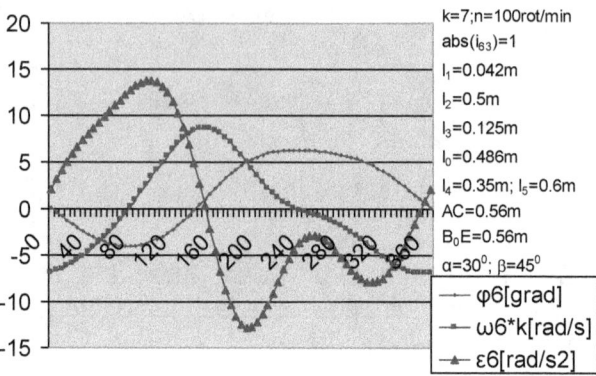

Pentru unghiul φ_6 s-a introdus o constantă de integrare $C=-197^0$

Fig. 3.17. Cinematica rotii 6; cazul R-RRR-RRR(2,3); D(4,5)a

Roata 4 este legată de elementul 4, deci va avea aceiaşi parametri cinematici ca şi acesta, iar roata 6 este liberă pe elementul 5. Relaţiile de calcul sunt următoarele:

$$\omega_6=(1+|i_{64}|).\omega_5 - |i_{64}|.\omega_4 \qquad (3.36)$$

$$\varphi_6=(1+|i_{64}|).\varphi_5 - |i_{64}|.\varphi_4 \qquad (3.37)$$

$$\varepsilon_6=(1+|i_{64}|).\varepsilon_5 - |i_{64}|.\varepsilon_4 \qquad (3.38)$$

Diagramele cinematice pot fi urmărite în figura 3.17:

Valorile vitezelor şi acceleraţiilor pentru situaţia de faţă au rezultat foarte mici, iar valorile deplasărilor unghiulare ale roţii 6, sunt foarte apropiate din acest motiv.

3.1.3.3. Mecanismul R+RRR+RRR(2,3)+E(5,3)a

Cu diada suplimentară 4,5 legată la elementele 2 şi 3, lanţul cinematic suplimentar format din cele două roţi dinţate fiind concentrat în jurul articulaţiei cinematice E obţinem schema cinematică din figura 3.18.

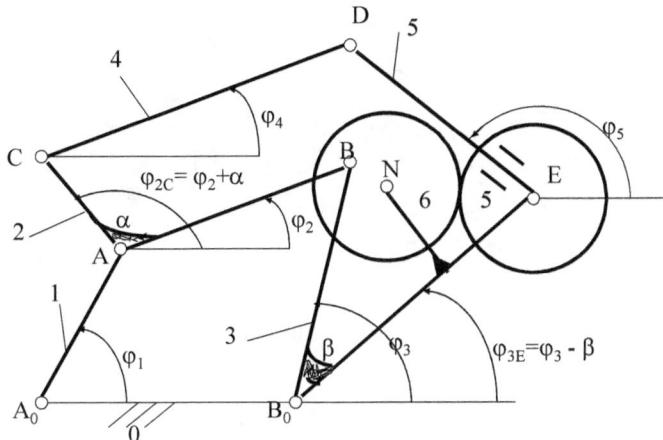

Fig. 3.18. Schema cinematică; cazul R-RRR-RRR(2,3); E(5,3)a

Roata 5 este legată de elementul 5, iar roata 6 este liberă pe elementul 3.

Relaţiile de calcul se obţin cu uşurinţă, iar cu ele calculăm diagramele cinematice din figura 3.19.

$$\omega_6 = (1 + |i_{65}|).\omega_3 - |i_{65}|.\omega_5 \qquad (3.39)$$

$$\varphi_6 = (1 + |i_{65}|).\varphi_3 - |i_{65}|.\varphi_5 \qquad (3.40)$$

$$\varepsilon_6 = (1 + |i_{65}|).\varepsilon_3 - |i_{65}|.\varepsilon_5 \qquad (3.41)$$

99

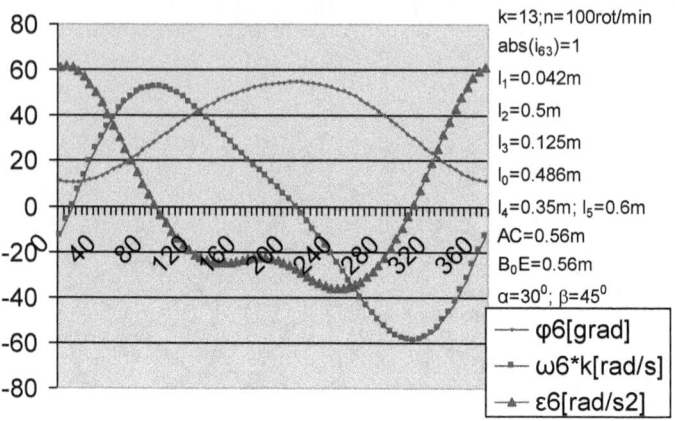

Fig. 3.19. Cinematica rotii 6; cazul R-RRR-RRR(2,3); E(5,3)a

Ca o concluzie pentru legarea (2,3), putem spune că obţinem parametrii cinematici de ieşire foarte mici pentru polul interior al diadei suplimentare D, mici pentru cupla exterioară E, dar mari pentru cupla exterioară C.

3.1.4. Mecanismul R+RRR+RRR(1,3)

3.1.4.1. Mecanismul R+RRR+RRR(1,3)+C(1,4)a

Pentru cazul cu diada suplimentară 4,5 legată la elementul conducător 1 şi la balansierul 3, vom începe cu lanţul cinematic suplimentar, format din cele două roţi dinţate, concentrat în cupla cinematică C (vezi figura 3.20).

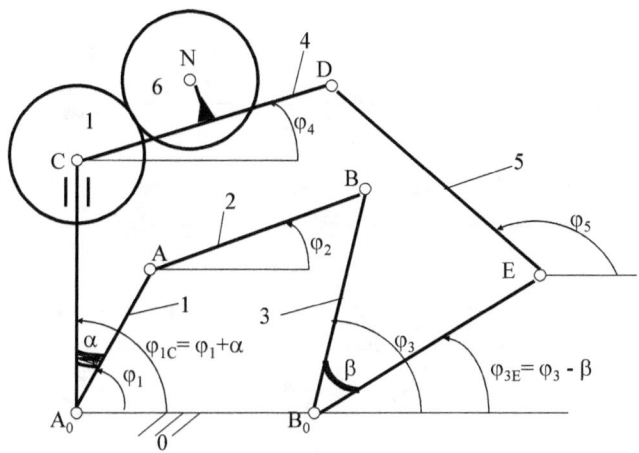

Fig. 3.20. Schema cinematică; cazul R-RRR-RRR(1,3); C(1,4)a

Roata 1 este legată de elementul 1, iar roata liberă 6, este prinsă de elementul 4, astfel încât acesta devine portsatelit pentru ea.

Relaţiile de calcul se scriu:

$$\omega_6 = (1 + |i_{61}|).\omega_4 - |i_{61}|.\omega_1 \qquad (3.42)$$

$$\varphi_6 = (1 + |i_{61}|).\varphi_4 - |i_{61}|.\varphi_{1C} \qquad (3.43)$$

$$\varepsilon_6 = (1 + |i_{61}|).\varepsilon_4 - |i_{61}|.\varepsilon_1 \qquad (3.44)$$

Sau, după ce îi atribuim lui ε_1 valoarea 0, ele devin:

$$\omega_6 = (1 + |i_{61}|).\omega_4 - |i_{61}|.\omega_1 \qquad (3.45)$$

$$\varphi_6 = (1 + |i_{61}|).\varphi_4 - |i_{61}|.\varphi_{1C} \qquad (3.46)$$

$$\varepsilon_6 = (1 + |i_{61}|).\varepsilon_4 \qquad (3.47)$$

Diagramele cinematice se pot urmări în figura 3.21:

101

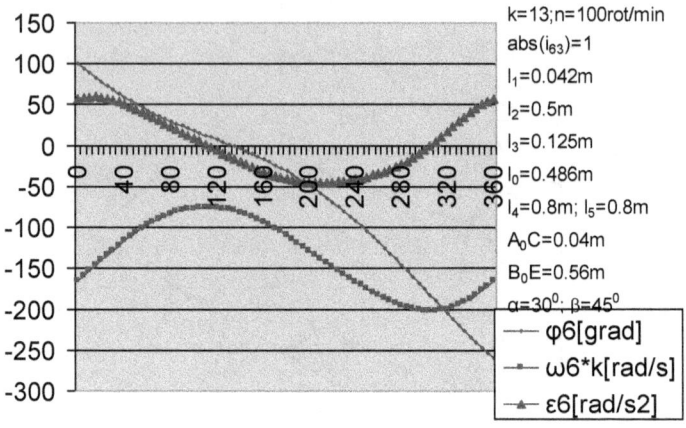

Fig. 3.21. Cinematica rotii 6; cazul R-RRR-RRR(1,3); C(1,4)a

3.1.4.2. Mecanismul R+RRR+RRR(1,3)+D(4,5)a

În figura 3.22 este prezentat cazul R-RRR-RRR(1,3) ; D(4,5)a, când diada suplimentară 4,5 este legată la elementele 1 şi 3 şi lanţul cinematic suplimentar (cel cu două roţi dinţate) este legat în jurul cuplei cinematice D, care este cupla interioară (de legătură) a diadei 4,5.

Roata care nu este liberă (noi i-am spus sudată, dar poate fi prinsă de elementul respectiv şi altfel decât prin sudură), 4, este prinsă de elementul 4 şi deci va avea aceiaşi parametri cinematici cu acesta.

Roata liberă, 6, adică roata de ieşire, de la care se culege mişcarea, este prinsă de elementul 5, astfel încât se poate roti liber în jurul axei ei, care este prinsă de acest element 5, element care devine pentru roata 6 un veritabil portsatelit.

102

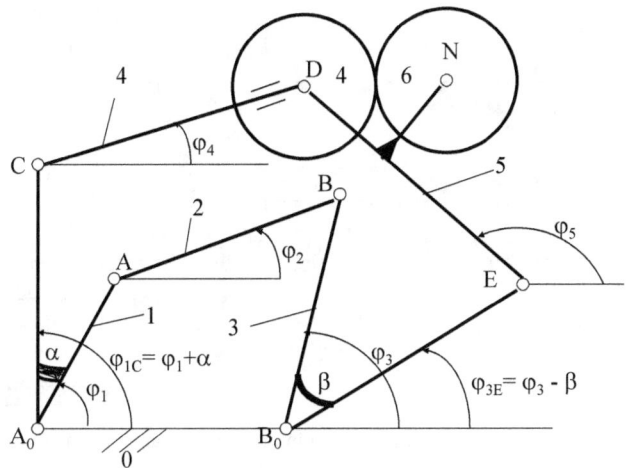

Fig. 3.22. Schema cinematică; cazul R-RRR-RRR(1,3); D(4,5)a

Relaţiile cinematice se scriu imediat:

$$\omega_6 = (1 + |i_{64}|).\omega_5 - |i_{64}|.\omega_4 \qquad (3.48)$$

$$\varphi_6 = (1 + |i_{64}|).\varphi_5 - |i_{64}|.\varphi_4 \qquad (3.49)$$

$$\varepsilon_6 = (1 + |i_{64}|).\varepsilon_5 - |i_{64}|.\varepsilon_4 \qquad (3.50)$$

În figura 3.23 sunt prezentate diagramele cu cinematica roţii 6, funcţie de parametrul de intrare principal, unghiul de rotaţie al elementului conducător, φ_1.

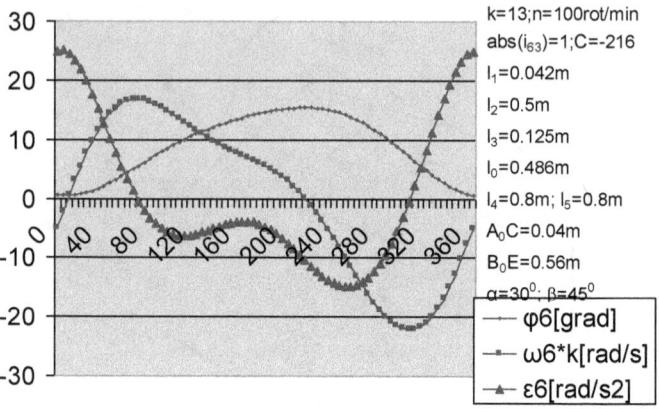

$\varphi_6 = \varphi_6 + C = \varphi_6 - 216$ [^{0}]; s-a introdus o constantă de integrare.

Fig. 3.23. Cinematica rotii 6; cazul R-RRR-RRR(1,3); D(4,5)a

Ca o observaţie, trebuie remarcat faptul că s-a introdus pentru unghiul φ_6, o constantă de integrare C, pentru a se putea urmări mai uşor valorile diagramei din figura 3.23.

3.1.4.3. Mecanismul R+RRR+RRR(1,3)+E(5,3)a

În figura 3.24 este prezentat cazul când cele două roţi dinţate sunt concentrate în jurul articulaţiei E.

Roata 5 este prinsă de elementul 5, deci va avea aceiaşi parametri cinematici ca şi elementul 5.

Roata liberă 6, este prinsă pe balansierul 3, care devine pentru ea un portsatelit. Cum balansul elementului 3 este mic sau foarte mic, ne aşteptăm şi pentru roata 6 la deplasări unghiulare mici sau chiar foarte mici. Din acest motiv toată cinematica roţii 6 va fi ameliorată, adică şi vitezele unghiulare, cât şi acceleraţiile unghiulare, vor fi mici sau chiar foarte mici.

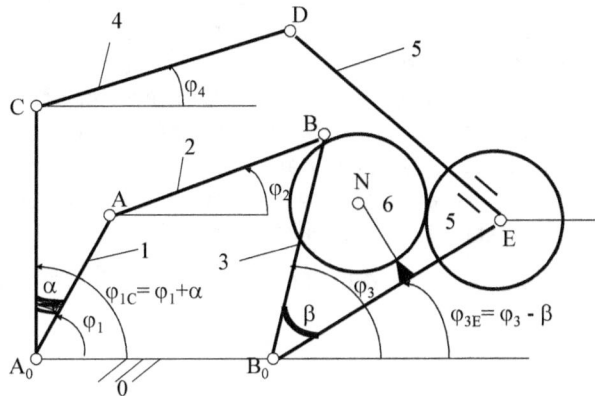

Fig. 3.24. Schema cinematică; cazul R-RRR-RRR(1,3); E(5,3)a

Acest fapt se poate vedea în diagramele din figura 3.25.

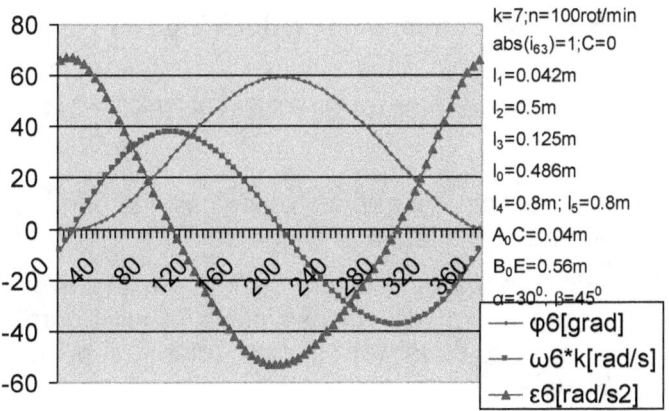

Fig. 3.25. Cinematica rotii 6; cazul R-RRR-RRR(1,3); E(5,3)a

Dealtfel, se poate constata faptul că şi în cazul anterior vitezele şi acceleraţiile roţii 6 sunt foarte mici, legarea diadei suplimentare făcându-se la elementul 1, conducător şi la balansierul 3, balansierul imprimând o mişcare mai lentă şi diadei suplimentare, fapt ce se simte şi în cupla E dar şi în cupla interioară D şi poate chiar în cupla C, dar în măsură mai mică. În plus mişcarea este aproape simetrică datorită influenţei tot a balansierului, care a fost acordat să oscileze simetric.

Relaţiile de calcul se scriu cu formulele deja cunoscute:

$$\omega_6 = (1 + |i_{65}|).\omega_3 - |i_{65}|.\omega_5 \qquad (3.51)$$

$$\varphi_6 = (1 + |i_{65}|).\varphi_3 - |i_{65}|.\varphi_5 \qquad (3.52)$$

$$\varepsilon_6 = (1 + |i_{65}|).\varepsilon_3 - |i_{65}|.\varepsilon_5 \qquad (3.53)$$

3.1.5. Mecanismul R+RRR+RRR(1,2)

3.1.5.1. Mecanismul R+RRR+RRR(1,2)+C(1,4)a

Următorul caz prezentat este cel la care diada suplimentară 4,5 se leagă la elementele 1 şi 2.

Şi acest caz ca şi celelalte se împarte în trei situaţii posibile, după cum este aleasă cupla în jurul căreia se vor monta cele două roţi dinţate (diada suplimentară având 3 cuple).

Pentru început vom monta lanţul cinematic suplimentar în jurul cuplei C (vezi figura 3.26).

Roata 1 va fi legată efectiv la elementul 1, iar roata liberă 6, se va prinde pe elementul 4, care devine pentru ea un veritabil portsatelit.

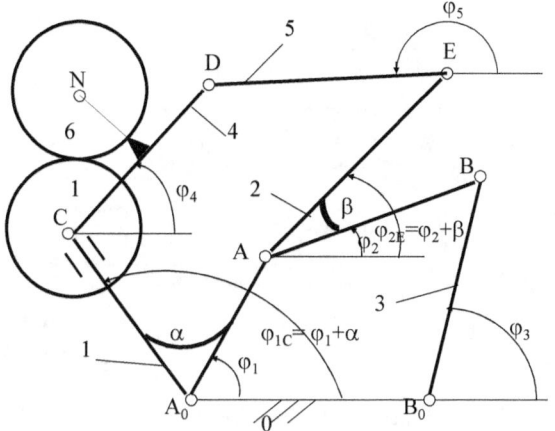

Fig. 3.26. Schema cinematică; cazul R-RRR-RRR(1,2); C(1,4)a

Relaţiile pentru calculul parametrilor cinematici ai roţii libere 6, se deduc din cele generale, iar programul de calcul se modifică corespunzător.

$$\omega_6 = (1 + |i_{61}|).\omega_4 - |i_{61}|.\omega_1 \qquad (3.54)$$

$$\varphi_6 = (1 + |i_{61}|).\varphi_4 - |i_{61}|.\varphi_1 \qquad (3.55)$$

$$\varepsilon_6 = (1 + |i_{61}|).\varepsilon_4 - |i_{61}|.\varepsilon_1 \qquad (3.56)$$

$$\varepsilon_6 = (1 + |i_{61}|).\varepsilon_4 \qquad (3.57)$$

În figura 3.27 sunt prezentate diagramele cinematice ale roţii 6.

Se observă uşor faptul că cinematica este superioară la acest mod de legare, acceleraţiile maxime fiind limitate la valori mici, ca dealtfel şi vârfurile vitezelor.

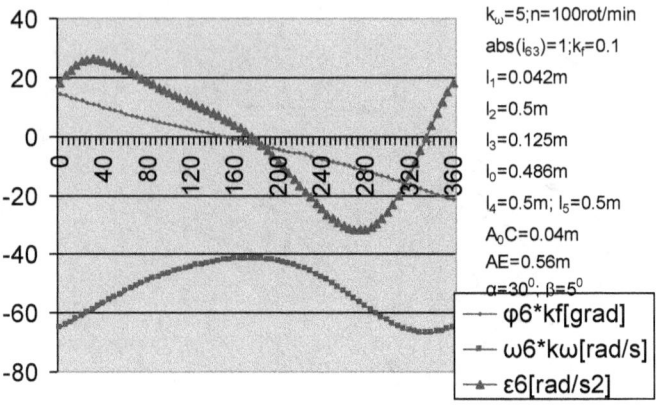

Fig. 3.27. Cinematica rotii 6; cazul R-RRR-RRR(1,2); C(1,4)a

3.1.5.2. Mecanismul R+RRR+RRR(1,2)+D(4,5)a

Acum vom monta lanţul cinematic suplimentar în jurul cuplei D (vezi figura 3.28).

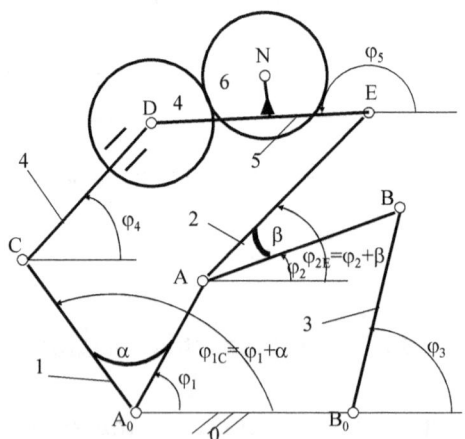

Fig. 3.28. Schema cinematică; cazul R+RRR+RRR(1,2)+ D(4,5)a

Roata 4 va fi legată efectiv la elementul 4, iar roata liberă 6, se va prinde pe elementul 5, care devine pentru ea un portsatelit.

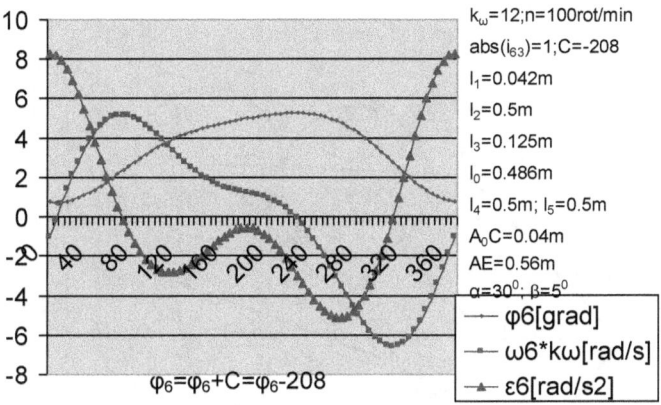

Fig. 3.29. Cinematica rotii 6; cazul R-RRR-RRR(1,2); D(4,5)a

Relaţiile pentru calculul parametrilor cinematici ai roţii libere 6, se deduc din cele generale.

$$\omega_6 = (1 + |i_{64}|).\omega_5 - |i_{64}|.\omega_4 \qquad (3.58)$$

$$\varphi_6 = (1 + |i_{64}|).\varphi_5 - |i_{64}|.\varphi_4 \qquad (3.59)$$

$$\varepsilon_6 = (1 + |i_{64}|).\varepsilon_5 - |i_{64}|.\varepsilon_4 \qquad (3.60)$$

În figura 3.29 sunt prezentate diagramele cinematice corespunzătoare roţii 6. Se pot vedea vârfurile foarte mici de acceleraţii.

3.1.5.3. Mecanismul R+RRR+RRR(1,2)+E(5,2)a

Acum vom monta lanţul cinematic suplimentar (cel cu roţi dinţate) în jurul cuplei cinematice E (vezi figura 3.30).

Roata 5 va fi legată efectiv la elementul 5, iar roata liberă 6, se va prinde pe elementul 2, care devine pentru ea un portsatelit.

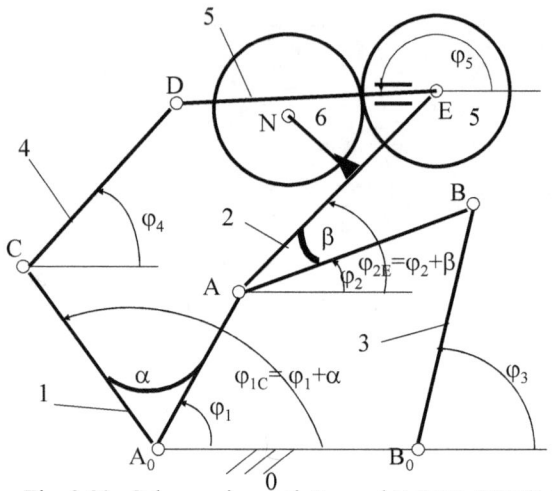

Fig. 3.30. Schema cinematică; cazul R-RRR-RRR(1,2); E(5,2)a

Relaţiile pentru calculul parametrilor cinematici ai roţii libere 6, se deduc din cele generale.

$$\omega_6 = (1 + |i_{65}|).\omega_2 - |i_{65}|.\omega_5 \qquad (3.61)$$

$$\varphi_6 = (1 + |i_{65}|).\varphi_2 - |i_{65}|.\varphi_5 \qquad (3.62)$$

$$\varepsilon_6 = (1 + |i_{65}|).\varepsilon_2 - |i_{65}|.\varepsilon_5 \qquad (3.63)$$

În figura 3.31 se pot vedea diagramele cu cinematica roţii 6:

Se constată şi în acest caz o funcţionare lină, de unde se poate trage concluzia că acest mod de legare a diadei suplimentare, (1,2), este unul privilegiat.

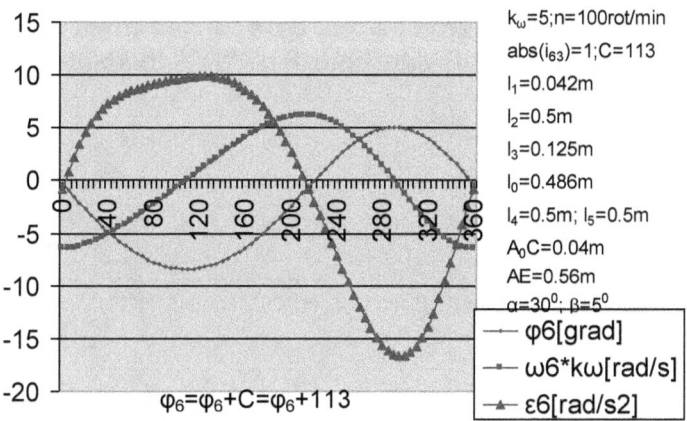

Fig. 3.31. Cinematica rotii 6; cazul R-RRR-RRR(1,2); E(5,2)a

Deşi condiţiile constructive nu pot fi identice şi nici măcar similare pentru diferitele moduri de legare, totuşi dacă încercăm să tragem unele concluzi, am putea spune că sunt superioare modurile de legare (1,2), (1,0), (2,0). O funcţionare bună o are şi modul (2,3) când lanţul cinematic suplimentar este concentrat în cupla interioară D, dar şi modul (1,3) când lanţul cinematic suplimentar este concentrat tot în cupla interioară D, iar modul de legare (3,0) se situează pe ultimul loc.

În continuare vom urmări modul cum lucrează (din punct de vedere cinematic) diadele suplimentare de alte aspecte. Pentru acestea nu vom mai analiza decât câte un singur mod de legare.

3.2. MECANISMUL R+RRR+RRT(3,0)+C(3,4)a

Diada RRT de aspectul 2 se montează (fig. 3.32) la elementele 3 şi 0.

Lanţul cinematic suplimentar se va plasa în cupla C.

Roata 3 este solidară cu bara 3, iar roata 6 este articulată la bara 4, care joacă rol de portsatelit (fig. 3.32).

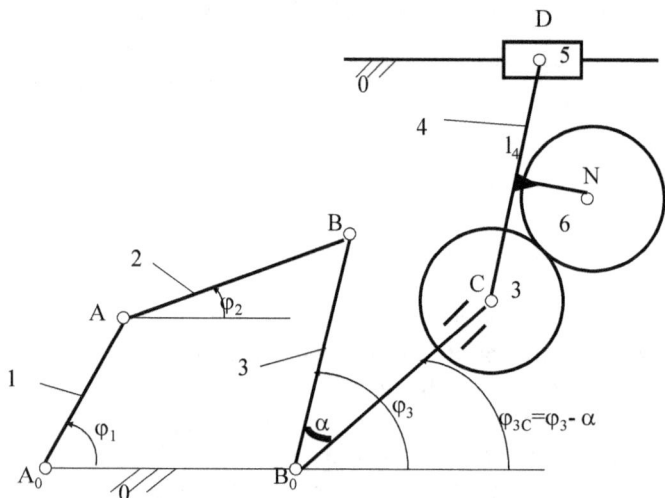

Fig. 3.32. Schema cinematică; cazul R+RRR+RRT(3,0)+ C(3,4)a

Relaţiile de calcul se scriu după modelul general:

$$\omega_6 = (1 + |i_{63}|) . \omega_4 - |i_{63}| . \omega_3; \qquad (3.64)$$

$$\varphi_6 = (1 + |i_{63}|) . \varphi_4 - |i_{63}| . \varphi_3; \qquad (3.65)$$

$$\varepsilon_6 = (1 + |i_{63}|) . \varepsilon_4 - |i_{63}| . \varepsilon_3 \qquad (3.66)$$

În figura 3.33 sunt prezentate diagramele privind cinematica roţii 6.

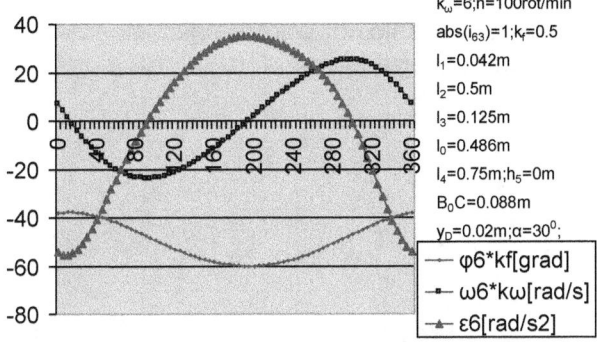

$k_\omega=6; n=100\text{rot/min}$
$\text{abs}(i_{63})=1; k_r=0.5$
$l_1=0.042m$
$l_2=0.5m$
$l_3=0.125m$
$l_0=0.486m$
$l_4=0.75m; h_5=0m$
$B_0C=0.088m$
$y_D=0.02m; \alpha=30^0;$

— $\varphi6*kf[grad]$
—■— $\omega6*k\omega[rad/s]$
—▲— $\varepsilon6[rad/s2]$

Fig. 3.33. Cinematica rotii 6; cazul R+RRR+RRT(3,0)+ C(3,4)a

3.3. MECANISMUL R+RRR+RTR(2,3)+C(2,4)a

Diada RTR, de aspectul 3, este legată la barele 2 şi 3. Lanţul cinematic suplimentar (format din două roţi dinţate) este montat în articulaţia C (fig. 3.34).

Roata 2 se solidarizează de bara 2, iar roata 6 este articulată la elementul 4 care devine pentru ea portsatelit (fig. 3.34).

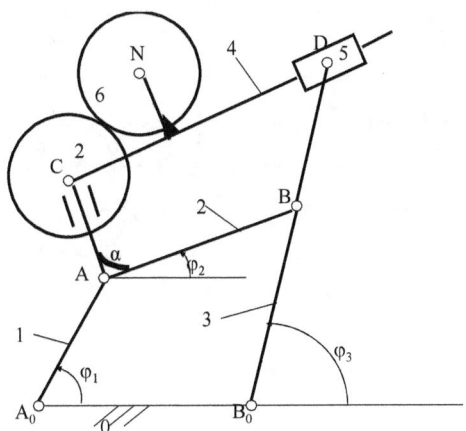

Fig. 3.34. Schema cinematică; cazul R+RRR+RTR(2,3)+ C(2,4)a

113

Relaţiile pentru calculul parametrilor cinematici ai roţii 6 se deduc din cele generale:

$$\omega_6 = (1 + |i_{62}|).\omega_4 - |i_{62}|.\omega_2;$$

$$\varphi_6 = (1 + |i_{62}|).\varphi_4 - |i_{62}|.\varphi_2;$$

$$\varepsilon_6 = (1 + |i_{62}|).\varepsilon_4 - |i_{62}|.\varepsilon_2 \qquad (3.67\text{-}69)$$

În figura 3.35 sunt prezentate diagramele cinematice corespunzătoare roţii 6:

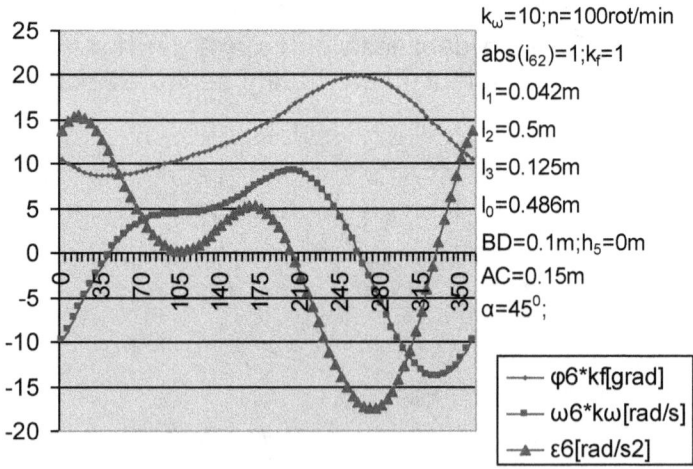

Fig. 3.35. Cinematica rotii 6; cazul R-RRR-RTR(2,3); C(2,4)a

3.4. MECANISMUL R+RRR+TRT(2,3)+C(2,4)a

Diada TRT de aspectul 4 este legată la barele 2 şi 3 ale mecanismului patrulater articulat.

Lanţul cinematic suplimentar (format de data aceasta, dintr-o roată dinţată şi o cremalieră) este montat în jurul articulaţiei C (fig. 3.36).

Roata 6 este articulată la bara 4, fiind în angrenare cu cremaliera 2, care este solidară cu elementul 2 (cremaliera trebuie să fie paralelă cu dreapta de ghidaj aparţinând elementului 2, pe care ghidează patina C, a elementului 4).

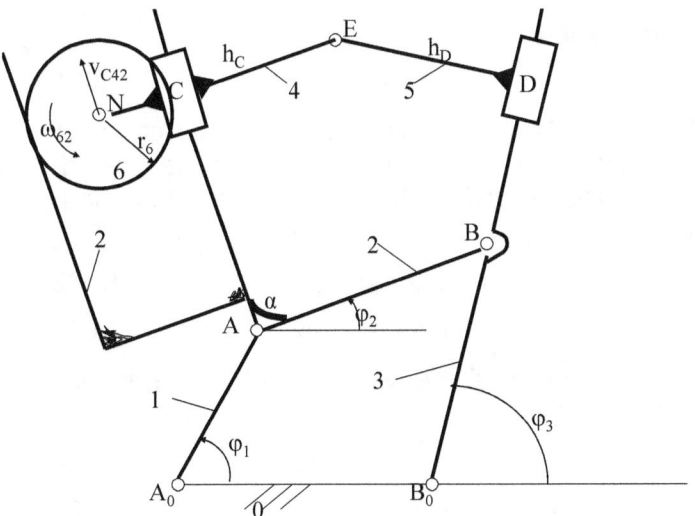

Fig. 3.36. Schema cinematică; cazul R+RRR+TRT(2,3)+ C(2,4)a

115

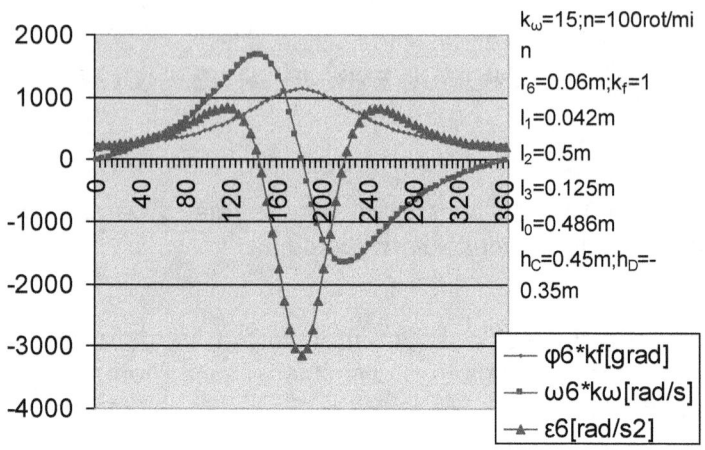

Fig. 3.37. Cinematica rotii 6; cazul R-RRR-TRT(2,3); C(2,4)a

Considerând mişcarea fără alunecare, se scrie viteza liniară:

$$v_{C42} = \omega_{62} \cdot r_6 \qquad (3.70)$$

din care rezultă

$$\omega_{62} = v_{C42}/r_6 \qquad (3.71)$$

Dar cum viteza unghiulară a roţii 6 este compusă din viteza unghiulară a elementului 2, la care se mai adaugă cea de rotaţia relativă a elementului 6 faţă de 2, se poate scrie:

$$\omega_6 = \omega_2 + \omega_{62} \qquad (3.72)$$

$$\omega_6 = \omega_2 + v_{C42}/r_6 \qquad (3.73)$$

Prin integrare şi derivare se obţin deplasarea şi acceleraţia roţii 6:

$$\varphi_6 = \varphi_2 + s_{C42}/r_6 \qquad (3.74)$$

$$\varepsilon_6 = \varepsilon_2 + a_{C42}/r_6 \qquad (3.75)$$

Relaţiile care definesc parametrii cinematici ai roţii 6 se scriu:

116

$\omega_6=\omega_2+v_{C42}/r_6$; $\varphi_6=\varphi_2+s_{C42}/r_6$; $\varepsilon_6=\varepsilon_2+a_{C42}/r_6$ (3.76-78)

Diagramele privind cinematica roţii 6, pot fi urmărite în figura 3.37.

3.5. MECANISMUL R+RRR+RTT(3,0)+C(3,4)a

Se analizează cazul când diada TTR, de aspectul 5, este legată la elementele 3 şi 0 ale mecanismului patrulater articulat (fig. 3.38).

Lanţul cinematic suplimentar (format   dintr-o roată dinţată şi o cremalieră) va fi plasat în jurul articulaţiei C (fig. 3.38).

Roata 6 este articulată la bara 4 şi angrenează cu cremaliera 3, solidară cu elementul 3 (cremaliera trebuie să fie paralelă cu dreapta de ghidaj a elementului 3, pe care ghidează patina C, a elementului 4).

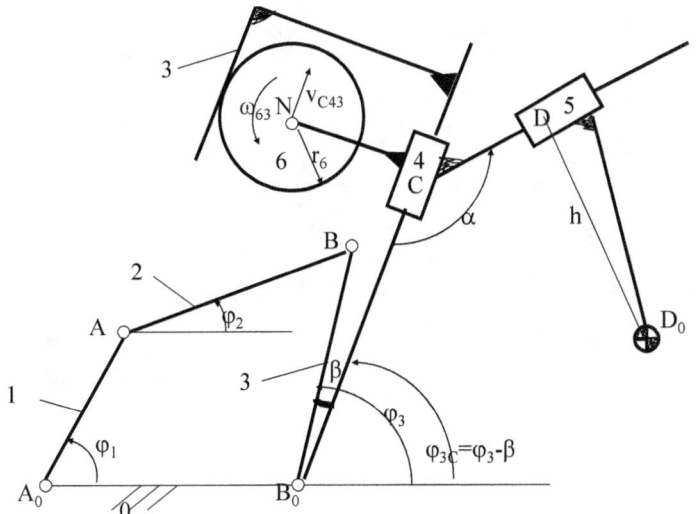

Fig. 3.38. Schema cinematică; cazul R+RRR+TTR(3,0)+ C(3,4)a

Diagramele privind cinematica roţii 6, pot fi urmărite în figura 3.39.

Considerând mişcarea fără alunecare, putem scrie relaţiile:

$$\omega_6 = \omega_3 + v_{C43}/r_6 \qquad (3.79)$$

$$\varphi_6 = \varphi_3 + s_{C43}/r_6 \qquad (3.80)$$

$$\varepsilon_6 = \varepsilon_3 + a_{C43}/r_6 \qquad (3.81)$$

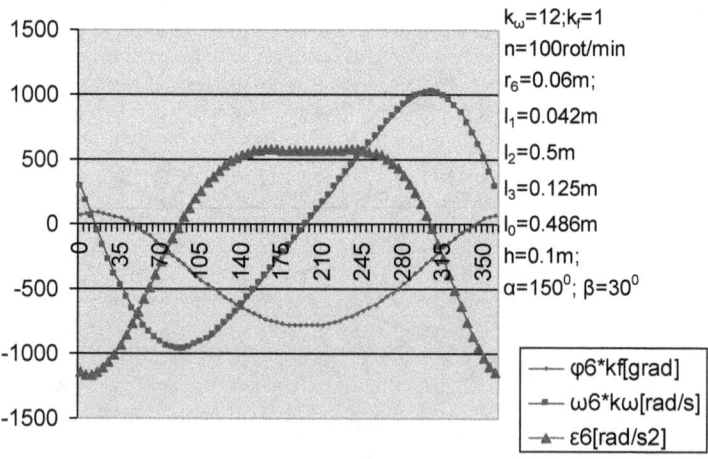

Fig. 3.39. Cinematica rotii 6; cazul R-RRR-TTR(3,0); C(3,4)a

Concluzii:

Se poate trage o concluzie bazată pe rezultatele obţinute în urma analizei parţiale a celor cinci tipuri de diade; diada de aspectul 3 (RTR) este cea mai performantă, pe locul 2 se situează primele două aspecte (RRR şi RRT), iar pe locul 3 se clasează ultimele două aspecte (TRT şi RTT), cel puţin din punct de vedere al realizării unei cinematici cu viteze şi acceleraţii mai scăzute.

Problema este relativă, datorită faptului că au fost studiate diferite tipuri de legări, cu parametri diferiţi sau chiar foarte diferiţi, cu deplasări mai mari sau mai mici. Totuşi superioritatea cinematică a diadei de aspectul 3 (RTR) reprezintă un aspect real, verificat şi în alte situaţii, astfel încât aprecierea merită reţinută, deoarece o cinematică ameliorată reprezintă primul pas spre o dinamică mai bună.

Cap. 4. ANALIZA CINEMATICĂ A MECANISMELOR CU BARE ŞI ANGRENAJE MULTIPLE

Se consideră mecanismele plane cu bare şi roţi dinţate, care sunt realizate prin ataşarea, la mecanismul patrulater articulat, a unui lanţ cinematic cu două sau mai multe angrenaje cilindrice montate în serie sau paralel [Ş1], [B7], [B4].

4.1. MECANISMUL PATRULATER ARTICULAT CU DOUĂ ANGRENAJE

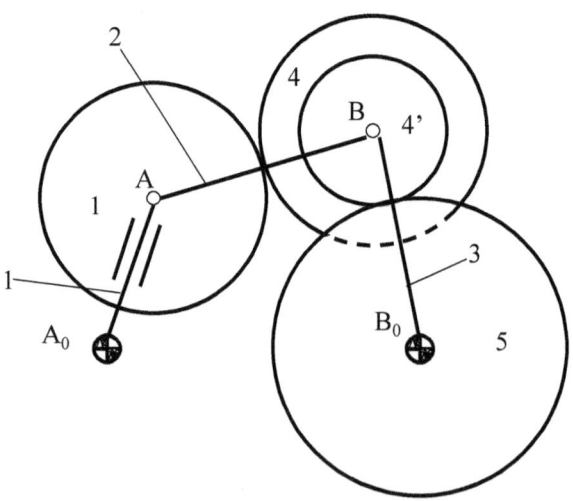

Fig. 4.1. Schema cinematică a mec. cu 2 angr. dispuse în paralel.

Acest mecanism este alcătuit din mecanismul plan patrulater articulat (A_0ABB_0), căruia i se adaugă un lanț cinematic plan format din două angrenaje (1, 4) şi (4', 5) legate în paralel (fig. 4.1).

Primul angrenaj este format din roţile dinţate 1 şi 4, iar al doilea angrenaj este format din roţile dinţate 4' şi 5, toate fiind dispuse conform figurii 4.1.

Se poate vedea faptul că roţile 4 şi 4' sunt solidare între ele, fiind dispuse în plane paralele, astfel încât cele două angrenaje vor lucra şi ele în plane paralele.

Roata 1 este solidară cu bara 1 (ca manivelă conducătoare), deci ea va avea aceiaşi parametri cinematici cu acesta, iar solidarizarea roţii 1 este făcută în aşa fel încât axul ei să coincidă cu cupla cinematică A; roata 4 care angrenează cu 1 are axul de rotaţie în cupla B. Suma razelor roţilor 1 şi 4 este egală cu lungimea elementului 2 (l_2).

Roata 4' este concentrică cu 4 şi solidară cu aceasta, astfel încât cele două roţi 4 şi 4' au aceiaşi parametri cinematici.

Roata 5 angrenează cu 4' şi are axul de rotaţie comun cu cel al cuplei cinematice B_0. Suma razelor celor două roţi 4' şi 5 este egală cu lungimea elementului 3 (l_3). Dacă roata 1 este de intrare, roata 5 este una de ieşire, de la care se poate culege mişcarea.

Relaţiile de calcul se scriu odată pentru angrenajul 4-1 şi încă odată pentru angrenajul 5-4'.

$$\omega_4 = (1 + |i_{41}|).\omega_2 - |i_{41}|.\omega_1 \qquad (4.1)$$

$$\varphi_4 = (1 + |i_{41}|).\varphi_2 - |i_{41}|.\varphi_1 \qquad (4.2)$$

$$\varepsilon_4 = (1 + |i_{41}|).\varepsilon_2 - |i_{41}|.\varepsilon_1 \qquad (4.3)$$

$$\varepsilon_4 = (1 + |i_{41}|).\varepsilon_2 \qquad (4.3')$$

$$\omega_5 = (1 + |i_{54'}|).\omega_3 - |i_{54'}|.\omega_4 \qquad (4.4)$$

$$\varphi_5 = (1 + |i_{54'}|).\varphi_3 - |i_{54'}|.\varphi_4 \qquad (4.5)$$

$$\varepsilon_5 = (1 + |i_{54'}|).\varepsilon_3 - |i_{54'}|.\varepsilon_4 \qquad (4.6)$$

Cum însă interesează în mod deosebit, 5 în funcţie de 1, se concentrează cele două grupuri de relaţii într-unul singur:

$$\omega_5 = (1 + |i_{54'}|).\omega_3 - |i_{54'}|.[(1 + |i_{41}|).\omega_2 - |i_{41}|.\omega_1] \qquad (4.7)$$

$$\varphi_5 = (1 + |i_{54'}|).\varphi_3 - |i_{54'}|.[(1 + |i_{41}|).\varphi_2 - |i_{41}|.\varphi_1] \qquad (4.8)$$

$$\varepsilon_5 = (1 + |i_{54'}|).\varepsilon_3 - |i_{54'}|.(1 + |i_{41}|).\varepsilon_2 \qquad (4.9)$$

Lungimile l_2 şi l_3 se calculează cu relaţiile:

$$l_2 = a_{14} = r_1 + r_4 = 1/2.m_t.(z_1 + z_4) =$$
$$= m_t/2.z_4.(1 + z_1/z_4) = m_t/2.z_4.(1 + |i_{41}|) \qquad (4.10)$$

$$l_3 = a_{54'} = r_5 + r_{4'} = 1/2.m_t.(z_5 + z_{4'}) =$$
$$= m_t/2.z_5.(1 + z_{4'}/z_5) = m_t/2.z_5.(1 + |i_{54'}|) \qquad (4.11)$$

Diagramele cinematice ale roţii 5 funcţie de mişcarea elementului conducător 1 pot fi urmărite în figura 4.2.

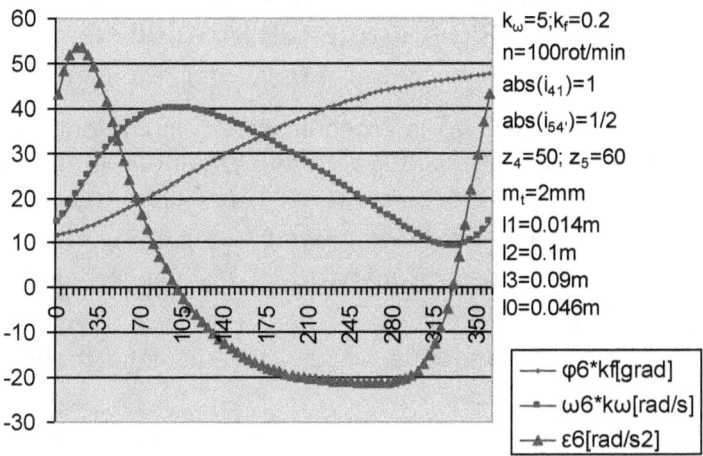

Fig. 4.2. Cinematica rotii 5, la mecanismul cu 2 angrenaje paralele.

Se remarcă diagrama de variaţie a unghiului de rotaţie al roţii conduse 5; aceasta realizează o mişcare variabilă continuă în acelaşi sens.

Diagrama de variaţie a vitezei unghiulare a roţii conduse 5 arată că viteza maximă se obţine la 105^0 unghi de manivelă, iar viteza minimă se înregistrează la unghiul de manivelă de 325^0.

Variaţia acceleraţiei unghiulare a roţii 5 scoate în evidenţă un maxim pozitiv la 30^0 şi un maxim negativ la 260^0 unghi de manivelă.

Aceste diagrame se pot determina şi în varianta în care angrenajul 4', 5 este un angrenaj interior. În acest caz formula (4.11) devine:

$$l_3 = r_5 - r_{4'} = 1/2 \cdot m_t \cdot (z_5 - z_{4'}) =$$

$$= m_t/2 \cdot z_5 \cdot (1 - z_{4'}/z_5) = m_t/2 \cdot z_5 \cdot (1 - |i_{54'}|) \qquad (4.11')$$

123

4.2. MECANISMUL PATRULATER ARTICULAT CU TREI ANGRENAJE ÎN SERIE

Se porneşte de la mecanismului plan patrulater articulat, căruia i se adaugă un lanţ cinematic format din trei angrenaje cilindrice legate în serie. Cele 4 roţi dinţate sunt dispuse conform figurii 4.3.

Roata 0 are centrul în A_0 (0, 1) şi este solidară cu elementul fix 0 (batiul).

Roata 4 este montată cu axul în articulaţia mobilă A (1, 2).

Roata 5 este montată cu axul în articulaţia mobilă B (2, 3).

Roata 6 este montată cu axul în articulaţia fixă B_0 (3, 0).

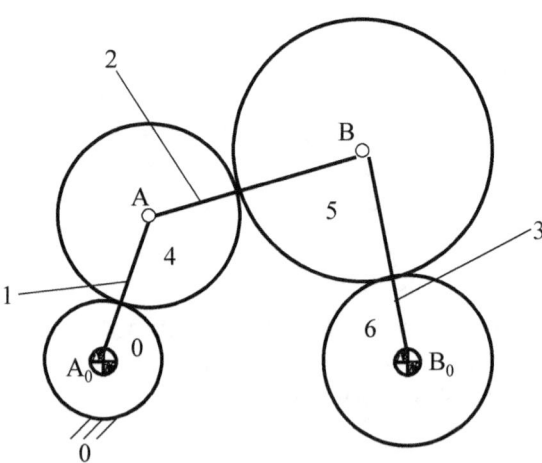

Fig. 4.3. Schema cinematică a mecanismului cu 3 angrenaje înseriate.

Relaţiile de calcul se scriu de trei ori (pentru cele trei angrenaje înseriate):

$$\omega_4 = (1 + |i_{40}|).\omega_1 - |i_{40}|.\omega_0 \qquad (4.12)$$

$$\varphi_4 = (1 + |i_{40}|).\varphi_1 - |i_{40}|.\varphi_0 \qquad (4.13)$$

$$\varepsilon_4 = (1 + |i_{40}|).\varepsilon_1 - |i_{40}|.\varepsilon_0 \qquad (4.14)$$

$$\omega_4 = (1 + |i_{40}|).\omega_1 \qquad (4.12')$$

$$\varphi_4 = (1 + |i_{40}|).\varphi_1 \qquad (4.13')$$

$$\varepsilon_4 = 0 \qquad (4.14')$$

$$\omega_5 = (1 + |i_{54}|).\omega_2 - |i_{54}|.\omega_4 \qquad (4.15)$$

$$\varphi_5 = (1 + |i_{54}|).\varphi_2 - |i_{54}|.\varphi_4 \qquad (4.16)$$

$$\varepsilon_5 = (1 + |i_{54}|).\varepsilon_2 - |i_{54}|.\varepsilon_4 \qquad (4.17)$$

$$\varepsilon_5 = (1 + |i_{54}|).\varepsilon_2 \qquad (4.17')$$

$$\omega_6 = (1 + |i_{65}|).\omega_3 - |i_{65}|.\omega_5 \qquad (4.18)$$

$$\varphi_6 = (1 + |i_{65}|).\varphi_3 - |i_{65}|.\varphi_5 \qquad (4.19)$$

$$\varepsilon_6 = (1 + |i_{65}|).\varepsilon_3 - |i_{65}|.\varepsilon_5 \qquad (4.20)$$

Cum însă interesează, în mod deosebit, mişcarea roţii 6 (în funcţie de mişcarea elementului 1) se concentrează

125

cele trei grupuri de relaţii într-unul singur, ceea ce determină relaţiile:

$$\omega_6 = (1 + |i_{65}|).\omega_3 - |i_{65}|.(1 + |i_{54}|).\omega_2 +$$

$$+ |i_{65}|.|i_{54}|.(1 + |i_{40}|.\omega_1 \qquad (4.21)$$

$$\varphi_6 = (1 + |i_{65}|).\varphi_3 - |i_{65}|.(1 + |i_{54}|).\varphi_2 +$$

$$+ |i_{65}|.|i_{54}|.(1 + |i_{40}|.\varphi_1 \qquad (4.22)$$

$$\varepsilon_6 = (1 + |i_{65}|).\varepsilon_3 - |i_{65}|.(1 + |i_{54}|).\varepsilon_2 \qquad (4.23)$$

Lungimile l_1, l_2 şi l_3 sunt condiţionate de parametrii geometrici ai angrenajelor (ele fiind suma a câte două raze):

$$l_1 = m_t/2.z_4.(1 + |i_{40}|) \qquad (4.24)$$

$$l_2 = m_t/2.z_5.(1 + |i_{54}|) \qquad (4.25)$$

$$l_3 = m_t/2.z_6.(1 + |i_{65}|) \qquad (4.26)$$

Diagramele cinematice ale roţii 6 în funcţie de mişcarea elementului conducător 1 pot fi urmărite în figura 4.4.

126

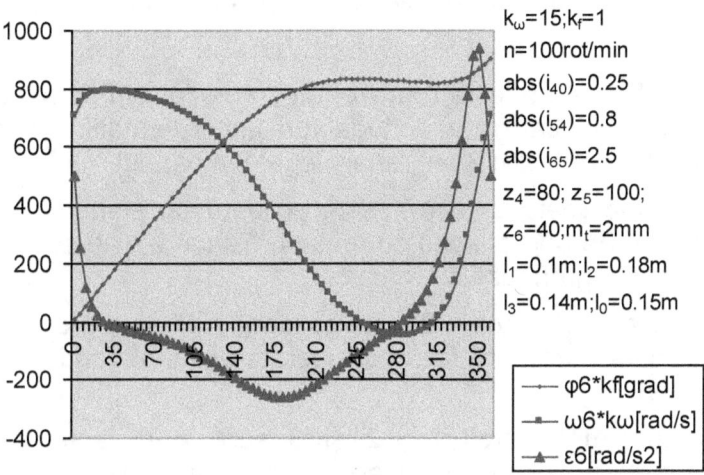

Fig. 4.4. Cinematica rotii 6, la mecanismul cu 3 angrenaje înseriate.

Din analiza diagramelor de mişcare ale roţii conduse 6 (fig. 4.4) rezultă că rotaţia acesteia este menţinută practic pe loc de-a lungul intervalului de rotaţie a manivelei 1 între unghiurile $\varphi_1 = 240^0$ şi $\varphi_1 = 320^0$.

În acest interval $\Delta\varphi_1 = (240^0, 320^0)$, diagrama de variaţie a vitezei unghiulare rămâne în vecinătatea valorii zero, ceea ce înseamnă că viteza unghiulară este practic zero, roata 6 având o uşoară rotaţie în sens invers (pasul de pelerin).

Viteza unghiulară maximă a roţii 6 se obţine pentru unghiul $\varphi_1 = 30^0$.

Variaţia acceleraţiei prezintă o valoare maximă pozitivă la $\varphi_1 = 350^0$, după intervalul de oprire a roţii 6 şi o valoare minimă negativă la $\varphi_1 = 180^0$.

4.3. MECANISMUL PATRULATER ARTICULAT
CU TREI ANGRENAJE ÎN PARALEL

În figura 4.5. este reprezentat un mecanism patrulater articulat la care s-a adăugat un lanţ cinematic cu roţi dinţate format din 3 angrenaje legate în paralel.

Prima roată 0 (zero), este solidară cu elementul fix (batiu). Ea angrenează cu roata 4. Roata 4' este solidară cu 4 şi angrenează cu roata 5.

La rândul ei roata 5' este solidară cu 5 şi angrenează cu roata 6, roata 6 fiind considerată element condus (de ieşire).

Lungimile barelor 1, 2 şi 3 sunt şi distanţe între centrele roţilor dinţate aflate în angrenare cilindrică (fig. 4.5) :

$$A_0A = l_1 = m_{04}/2.(z_0 + z_4) = m_{04}/2.z_0. (1- z_4/z_0) \qquad (4.27)$$

$$AB = l_2 = m_{4'5}/2.(z_{4'} + z_5) = m_{4'5}/2.z_{4'}.(1- z_5/z_{4'}) \qquad (4.28)$$

$$B_0B = l_3 = m_{5'6}/2.(z_{5'} + z_6) = m_{5'6}/2.z_{5'}.(1- z_6/z_{5'}) \qquad (4.29)$$

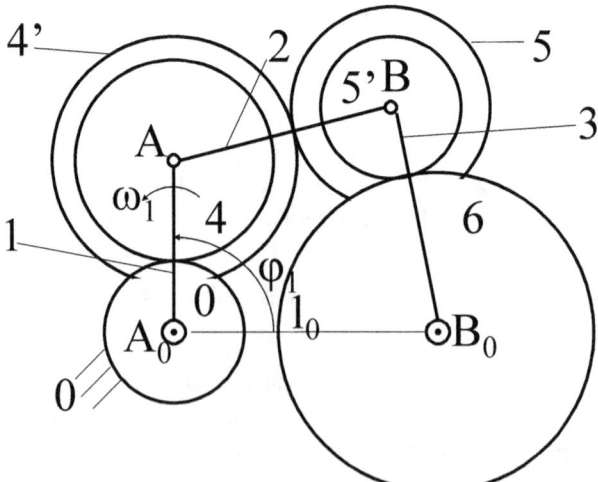

Fig. 4.5.   Mec. Patrulater + 3 angrenaje paralele

Cinematica roţii 6 se poate urmări în diagramele din figura 4.6.

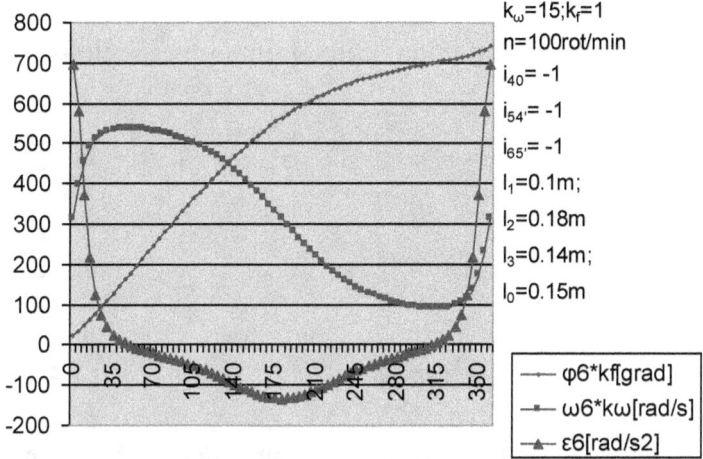

Fig. 4.6. Cinematica rotii 6 la mec. patrulater cu 3 angrenaje

Relaţiile de calcul cinematic sunt următoarele (fig. 4.5):

$$\varphi_4 = (1 - i_{40}).\varphi_1 + i_{40}.\varphi_0 \qquad (4.30)$$

$$\omega_4 = (1 - i_{40}).\omega_1 + i_{40}.\omega_0 \qquad (4.31)$$

$$\varepsilon_4 = (1 - i_{40}).\varepsilon_1 + i_{40}.\varepsilon_0 = 0 \qquad (4.32)$$

$$\varphi_5 = (1 - i_{54'}).\varphi_2 + i_{54'}.\varphi_4 \qquad (4.33)$$

$$\omega_5 = (1 - i_{54'}).\omega_2 + i_{54'}.\omega_4 \qquad (4.34)$$

$$\varepsilon_5 = (1 - i_{54'}).\varepsilon_2 + i_{54'}.\varepsilon_4 \qquad (4.35)$$

$$\varphi_6 = (1 - i_{65'}).\varphi_3 + i_{65'}.\varphi_5 \qquad (4.36)$$

129

$$\omega_6 = (1 - i_{65'}).\omega_3 + i_{65'}.\omega_5 \qquad (4.37)$$

$$\varepsilon_6 = (1 - i_{65'}).\varepsilon_3 + i_{65'}.\varepsilon_5 \qquad (4.38)$$

Condiţiile geometrice care trebuie respectate sunt următoarele:

$$r_0 + r_4 = l_1 \quad \text{şi} \quad i_{40} = -\frac{r_0}{r_4} \qquad (4.39)$$

$$r_{4'} + r_5 = l_2 \quad \text{şi} \quad i_{54'} = -\frac{r_{4'}}{r_5} \qquad (4.40)$$

$$r_{5'} + r_6 = l_3 \quad \text{şi} \quad i_{65'} = -\frac{r_{5'}}{r_6} \qquad (4.41)$$

Pentru l_1 = 100mm; l_2 = 180mm; l_3 = 140mm; m_{40} = $m_{54'}$ = $m_{65'}$ = 2 [mm]; β=0 [rad], cu i_{40} = $i_{54'}$ = $i_{65'}$ = - 1, rezultă:

$$z_0 = z_4 = \frac{l_1[mm]}{2} = \frac{100}{2} = 50 \qquad (4.42)$$

$$z_{4'} = z_5 = \frac{l_2[mm]}{2} = \frac{180}{2} = 90 \qquad (4.43)$$

$$z_{5'} = z_6 = \frac{l_3[mm]}{2} = \frac{140}{2} = 70 \qquad (4.44)$$

4.4. MECANISMUL PATRULATER ARTICULAT CU PATRU ANGRENAJE

În figura 4.7 este reprezentat un mecanism patrulater articulat la care sunt ataşate patru angrenaje (câte unul pe fiecare bară 1, 2, 3 şi 0).

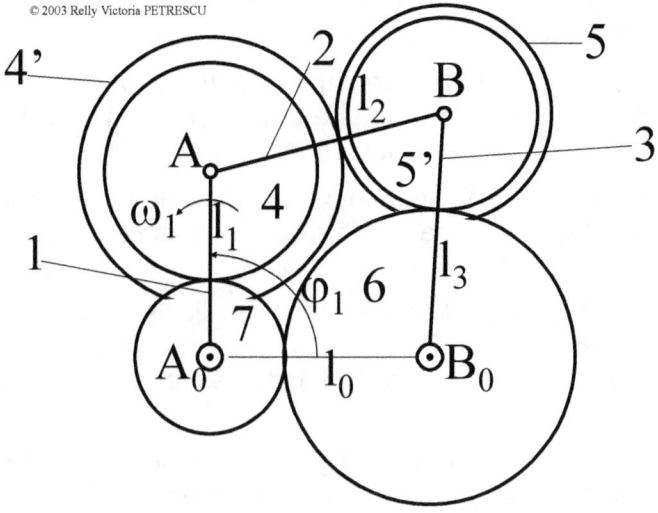

Fig. 4.7.   Mecanism patrulater + 4 angrenaje

Din punct de vedere structural – topologic cele patru angrenaje cilindrice formează un lanţ de patru roţi dinţate (fig. 4.8a), care prin echivalare determină lanţul cinematic cu bare articulate cu un contur închis tip octadă (fig. 4.8b).

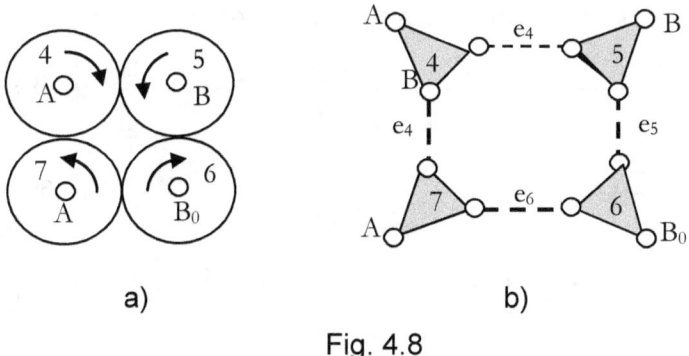

a)   b)

Fig. 4.8

Fiecare angrenare (4,5), (5,6), (6,7) şi (4,7) echivalează cu câte un element bară articulată notate cu

e_{45}, e_{56}, e_{67} şi e_{47} şi care sunt reprezentate schematic cu linie întreruptă (fig. 4.8b).

Roţile dinţate sunt reprezentate prin triunghiuri cu trei articulaţii, dintre care una este articulaţie reală (A_0, A, B, B_0) şi corespunde centrului roţii (fig. 4.8a).

Un astfel de lanţ cinematic plan articulat, cu un contur închis octogonal şi patru articulaţii exterioare potenţiale, are mobilitatea zero.

Prin ataşarea acestui lanţ cinematic la mecanismul patrulater (A_0, A, B, B_0) monomobil, mecanismul complex cu bare şi roţi dinţate astfel obţinut este monomobil.

În varianta analizată (fig. 4.7), toate cele patru angrenaje cilindrice înseriate sunt exterioare: 4'-5; 5'-6; 6-7 şi 7-4.

Condiţiile constructive (de montaj) sunt următoarele:

$l_1 = r_7 + r_4 = m_{74}/2. (z_7 + z_4)$; (4.45)

$l_2 = r_{4'} + r_5 = m_{4'5}/2. (z_{4'} + z_5)$; (4.46)

$l_3 = r_{5'} + r_6 = m_{5'6}/2. (z_{5'} + z_6)$; (4.47)

$l_0 = r_7 + r_6 = m_{76}/2. (z_7 + z_6)$. (4.48)

Relaţiile de calcul cinematic sunt următoarele:

$$\varphi_6 = \frac{(1 - i_{65'}).\varphi_3 + i_{65'}.(1 - i_{54'}).\varphi_2 + i_{65'}.i_{54'}.(1 - i_{47}).\varphi_1}{1 - i_{65'}.i_{54'}.i_{47}.i_{76}} \quad (4.49)$$

$$\omega_6 = \frac{(1 - i_{65'}).\omega_3 + i_{65'}.(1 - i_{54'}).\omega_2 + i_{65'}.i_{54'}.(1 - i_{47}).\omega_1}{1 - i_{65'}.i_{54'}.i_{47}.i_{76}} \quad (4.50)$$

$$\varepsilon_6 = \frac{(1 - i_{65'}).\varepsilon_3 + i_{65'}.(1 - i_{54'}).\varepsilon_2 + i_{65'}.i_{54'}.(1 - i_{47}).\varepsilon_1}{1 - i_{65'}.i_{54'}.i_{47}.i_{76}} \quad (4.51)$$

Diagramele cinematicii roţii 6 se pot urmări în figura 4.9:

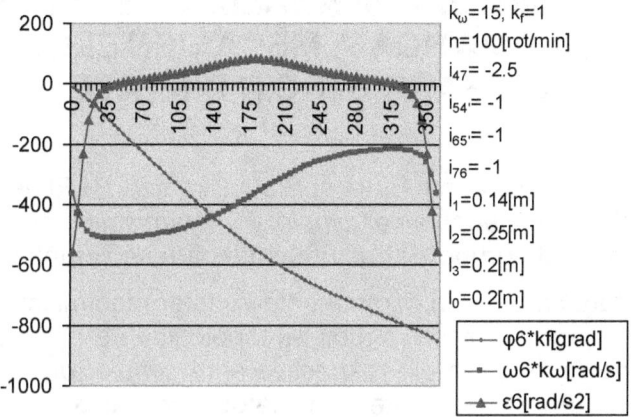

Fig. 4.9. Cinematica rotii 6 la mec. patrulater cu 4 angrenaje

S-a utilizat la toate roţile dinţate modulul m=2 [mm] şi s-au considerat angrenaje cu dinţi drepţi, β=0 [rad].

Au rezultat următoarele numere de dinţi, rapoarte de transmitere şi lungimi ale barelor mecanismului patrulater:

$$z_7 = 100, z_4 = 40 \implies i_{47} = -100/40 = -2.5 \tag{4.52}$$

$$z_5 = z_{4'} = 125 \implies i_{54'} = -1 \tag{4.53}$$

$$z_6 = z_{5'} = 100 \implies i_{65'} = -1 \tag{4.54}$$

$$\implies i_{76} = -100/100 = -1 \tag{4.55}$$

$$l_1 = (z_7 + z_4)/1000 = 0.140 \text{ [m]} \tag{4.56}$$

$$l_2 = (z_5 + z_{4'})/1000 = 0.250 \text{ [m]} \tag{4.57}$$

$$l_3 = (z_6 + z_{5'})/1000 = 0.200 \text{ [m]} \tag{4.58}$$

$$l_0 = (z_7 + z_6)/1000 = 0.200 \text{ [m]} \tag{4.59}$$

Cap 5. SINTEZA ŞI ANALIZA GEOMETRO-CINEMATICĂ A MECANISMELOR CU BARE ŞI ROŢI DINŢATE

Mecanismele cu Bare şi Roţi Dinţate (B+RD)se pot clasifica în *mecanisme simple* şi *mecanisme complexe*, în funcţie de grupele structurale din care se compun.

Atâta timp cât în componenţa acestor mecanisme sunt numai lanţuri (grupe) structural-topologice de clasa a II-a (diade), mecanismele respective sunt *simple, de clasa a II-a*, putând fi rezolvate prin metode de calcul analitico-numerice exacte şi directe.

Când apar însă în componenţa lor şi lanţuri (grupe) superioare, cum ar fi : triada, tetrada, dubla-triadă, tetrada de ordinul 3, pentada, hexada etc., mecanismele devin *complexe*.

Analiza acestor mecanisme complexe nu se mai poate face numai prin metode exacte şi directe, fiind necesară utilizarea calculului iterativ (care va folosi metode numerice exacte sau aproximative, dar obligatoriu din mai multe treceri, mai multe iteraţii).

5.1. SINTEZA ŞI ANALIZA GEOMETRO-CINEMATICĂ A MECANISMELOR B+RD SIMPLE.

Se vor analiza din punct de vedere geometro-cinematic două astfel de mecanisme: primul, la care se identifică o diadă de aspectul 1 (de tip RRR) şi al doilea, la care se identifică o diadă de aspectul 2 (de tip RRT).

După analiza geometro-cinematică se face sinteza unor astfel de mecanisme simple. Mecanismul iniţial la care se adaugă, pe rând, una din cele două diade, este un mecanism planetar simplu.

Acesta este format dintr-un braţ port-satelit 1 care roteşte un satelit 2 în jurul unei roţi centrale 0, notată astfel deoarece este fixată la batiu.

Prin aceasta mecanismul diferenţial cu două mobilităţi rămâne cu o singură mobilitate.

Roata centrală fixă 0 poate fi cu dantură exterioară sau cu dantură interioară, iar mecanismul de comandă va fi cu angrenare exterioară respectiv interioară.

Pentru analiză se consideră varianta în care angrenajul de comandă este interior, adică roata fixă 0 are dantură interioară.

Braţul portsatelit 1 reprezintă elementul conducător prin care intră mişcarea în mecanismul planetar monomobil.

La roata satelit 2 şi la batiul 0 se ataşează un lanţ diadă format din elementele cinematice (bare) 3 şi 4.

Se studiază două cazuri: unul când diada (3, 4) este de aspectul 1 (RRR) şi celălalt când diada (3, 4) este de aspectul 2 (RRT).

Se consideră cunoscut unghiul φ_1 al braţului port-satelit şi se determină, în funcţie de acesta, unghiurile care poziţionează roata 2 (φ_2) şi elementele 3 şi 4 (φ_3 şi φ_4) ale diadei RRR, sau unghiul φ_3 şi distanţa s_4 pentru patina 4, la diada RRT.

În final se analizează curba de bielă a unui punct M situat pe bara (biela) 3.

5.1.1. Mecanismul b+rd simplu cu diadă de tip RRR

În figura 5.1 este reprezentată schema cinematică a mecanismului simplu cu bare şi roţi dinţate de clasa a doua.

Acesta este format dintr-un mecanism de comandă, care este un mecanism planetar simplu cu angrenare interioară şi dintr-o diadă de aspectul 1, de tip RRR.

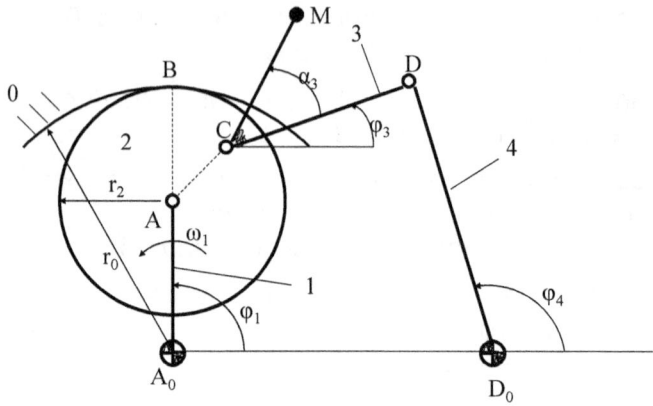

Fig. 5.1. Cinematica mecanismelor cu bare si roti dintate de clasa a doua. Schema cinematică a mecanismului cu diadă de tip RRR.

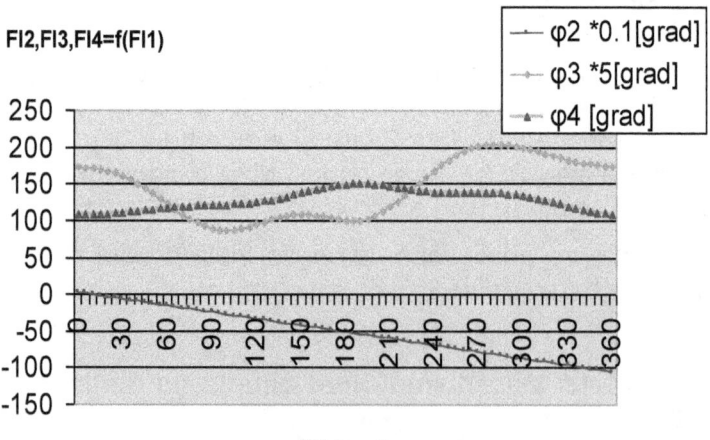

Fig. 5.2. Cinematica mecanismelor cu bare si roti dintate de clasa a doua. Diagramele cinematice ale mecanismului cu diadă RRR.

Viteza unghiuară a a roţii 2 se exprimă în funcţie de viteza unghiulară a barei 1 (portsatelit) şi raportul de transmitere între roţile 2 şi 0 când 1 este considerat fix:

$$\omega_2 = (1 - i_{20}).\omega_1 \tag{5.1}$$

Prin integrare, din (5.1) rezultă

$$\varphi_2 = (1 - i_{20}).\varphi_1 + \varphi_{20} \tag{5.2}$$

Prin derivare, din (5.1) pentru ω_1 = const. se obţine

$$\varepsilon_2 = \varepsilon_1 = 0 \tag{5.3}$$

Diagramele cinematice se pot urmări în figura 5.2.

Se trasează unghiurile FI2, FI3 şi FI4 în funcţie de unghiul de intrare FI1.

În figura 5.3 este prezentată curba de bielă trasată de un punct oarecare M situat pe elementul 3.

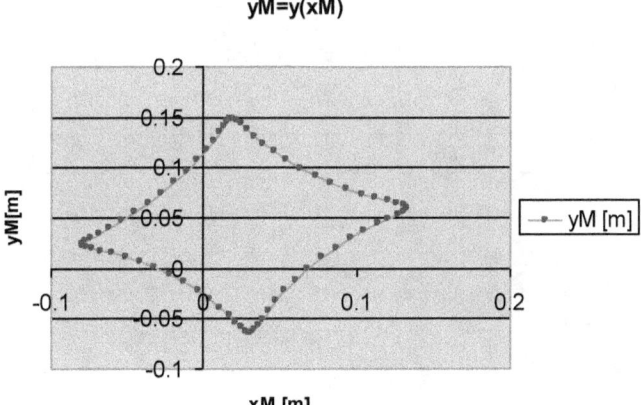

Fig. 5.3. Cinematica mecanismelor cu bare si roti dintate de clasa a doua. Mecanismul cu diadă de tip RRR. Curba de bielă trasată de M.

137

5.1.2. Mecanismul b+rd simplu cu diadă de tip RRT

Se consideră schema cinematică a mecanismului b+rd simplu cu un lanţ diadă de tip RRT (fig. 5.4).

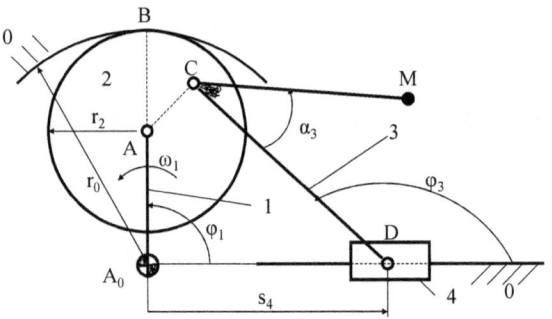

Fig. 5.4. Cinematica mecanismelor cu bare si roti dintate de clasa a doua. Schema cinematică a mecanismului cu diadă de tip RRT.

Diagramele cinematice pot fi urmărite în figura 5.5, iar curba de bielă a punctului M se poate vedea în figura 5.6.

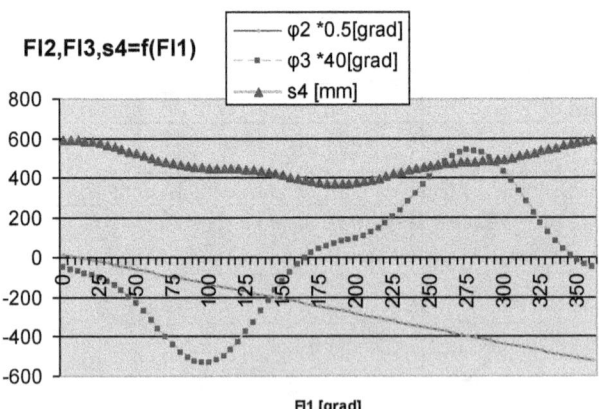

Fig. 5.5. Cinematica mecanismelor cu b+rd de clasa a doua. Diagramele cinematice ale mecanismului cu diadă RRT.

yM=y(xM)   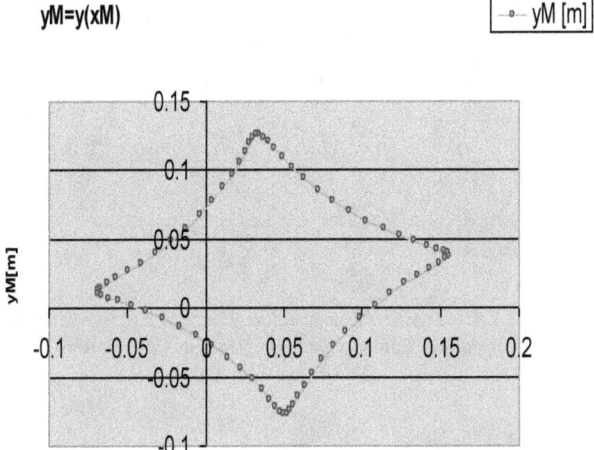   [--◦-- yM [m]]

Fig. 5.6. Cinematica mecanismelor cu bare si roti dintate de clasa a doua. Mecanismul cu diadă de tip RRT. Curba de bielă trasată de M.

5.2. SINTEZA ŞI ANALIZA GEOMETRO-CINEMATICĂ A MECANISMELOR CU B+RD COMPLEXE.

Aceste mecanisme b+rd complexe au în componenţă cel puţin un lanţ cinematic complex, de tip triadă, tetradă, pentadă etc.

5.2.1. Mecanism b+rd complex cu triadă

În figura 5.7 este prezentată schema cinematică a unui mecanism complex, cu o triadă 6R în componenţa sa.

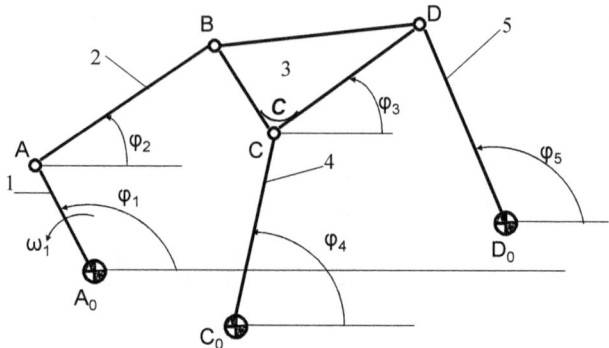

Fig.5.7. Cinematica mecanismelor cu bare, complexe. Schema
cinematică a mecanismului cu triadă de tip RRRRRR.
MF(0,1)+Tr(2,3,4,5)

La un mecanism similar se ajunge dacă se
echivalează mecanismul complex, cu bare şi roţi dinţate
din figura 5.8.

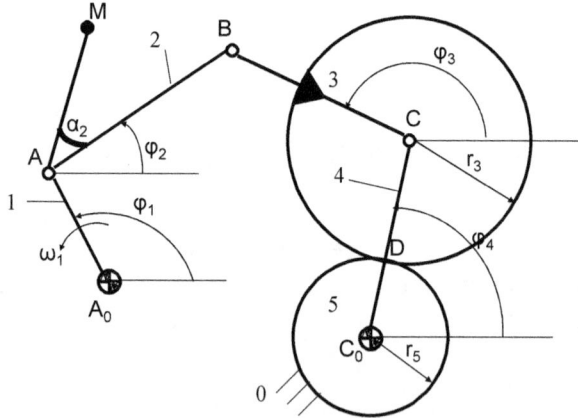

Fig. 5.8. Cinematica mecanismelor cu bare si roti dintate complexe.
Schema cinematică a mecanismului cu triadă de tip RRRRRR,
particulară. Caz (a) angrenare exterioară.

Roata 5, deşi este legată la batiu (elementul fix 0), nu
a fost notată cu zero ci cu cinci, pentru a se vedea faptul
că la echivalarea cuplei superioare, dintre roţile dinţate 3
şi 5, mai apare un element suplimentar 5 (bara 5), care
este legat (prin două cuple de clasa a cincea, de rotaţie,

140

în centrele de rotaţie ale celor două roţi dinţate) la elementele 3 şi 0.

Se ştie că o cuplă superioară (de clasa restricţională a patra) se echivalează printr-un element cinematic şi două cuple inferioare, de clasa restricţională a cincea.

Studiul mecanismelor complexe, care au în componenţă cel puţin o triadă, în general, nu se mai poate face prin metode analitico-numerice exacte, fiind necesară utilizarea unor metode de calcul numeric, aproximative-iterative, la care relaţia sau relaţiile de calcul sunt utilizate de mai multe ori, până când se află un rezultat aproximativ, care are abaterea faţă de valoarea de la iteraţia anterioară suficient de mică. Metodele utilizează deci mai multe iteraţii pentru o relaţie dată.

Se pot folosi metode de calcul iterativ locale (particulare), sau metode generale, cum ar fi metoda „Secantei", sau a lui „Newton".

În figura 5.9 se prezintă cinematica mecanismului din figura 5.8, iar în figura 5.10 se poate vedea curba de bielă a punctului M (situat pe biela 2).

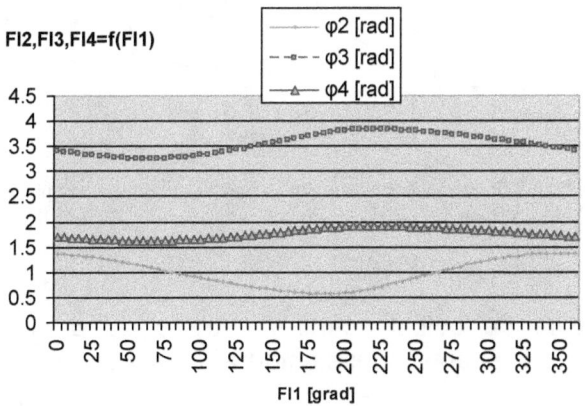

Fig. 5.9. Cinematica mecanismelor cu bare si roti dintate complexe. Diagramele cinematice ale mecanismului cu triadă de tip RRRRRR, particulară. Caz (a), angrenare exterioară.

yM=y(xM) $\boxed{-\!-\!yM\;[m]}$

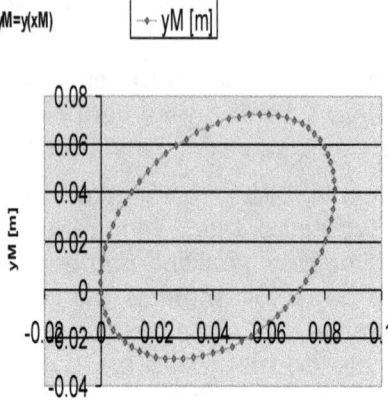

Fig. 5.10. Cinematica mecanismelor cu bare si roti dintate complexe.
Curba de bielă a punctului M, pentru mecanismul cu triadă de tip
RRRRRR, particulară. Caz (a), angrenare exterioară.

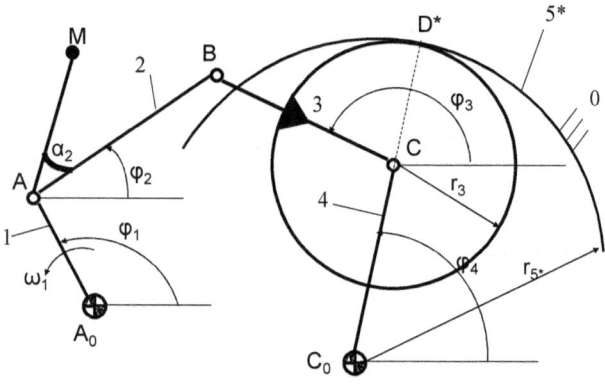

Fig. 5.11. Cinematica mecanismelor cu bare si roti dintate complexe.
Schema cinematică a mecanismului cu triadă de tip RRRRRR,
particulară. Caz (b), angrenare interioară.

Relaţiile de calcul scalare, extrase de pe conturul
vectorial al mecanismului din figura 5.8 sunt:

$$x_A + l_2.\cos\varphi_2 = x_{C0} + l_4.\cos\varphi_4 + d.\cos\varphi_3 \qquad (5.4)$$

$$y_A + l_2.\sin\varphi_2 = y_{C0} + l_4.\sin\varphi_4 + d.\sin\varphi_3 \qquad (5.5)$$

142

De la mecanismul planetar (cu roţi dinţate) se scrie încă o relaţie de calcul:

$$\varphi_3 = (1 - i_{35}). \; \varphi_4 \qquad (5.6)$$

$$\varphi_3 = C_1. \; \varphi_4 \qquad (5.6')$$

A rezultat un sistem neliniar de trei ecuaţii cu trei necunoscute, pentru rezolvarea căruia se utilizează o metodă iterativă locală (particulară), la care convergenţa este foarte bună (rapidă).

Cazul, (a), care a fost prezentat, are angrenajul de tip exterior, dar este posibilă şi situaţia (b), când angrenarea este interioară. În acest caz schema cinematică a mecanismului arată ca în figura 5.11.

Analiza cinematică a cazului (b), cu angrenare interioară, este prezentată în figura 5.12, iar curba de bielă corespunzătoare, pentru punctul M, se poate urmări în figura 5.13.

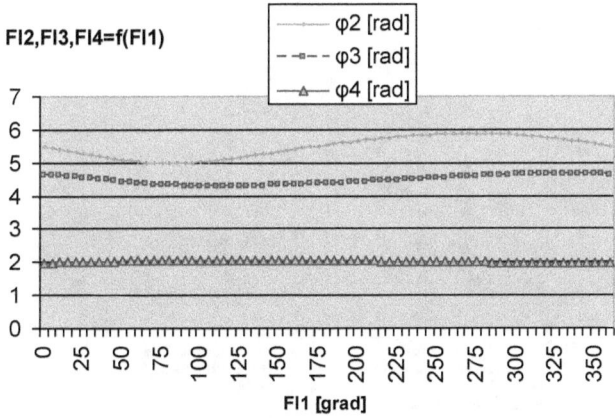

Fig. 5.12. Cinematica mecanismelor cu bare si roti dintate complexe. Diagramele cinematice ale mecanismului cu triadă de tip RRRRRR, particulară. Caz (b), angrenare interioară.

143

yM=y(xM) $\boxed{-\!\!\bullet\!-\ yM\ [m]}$

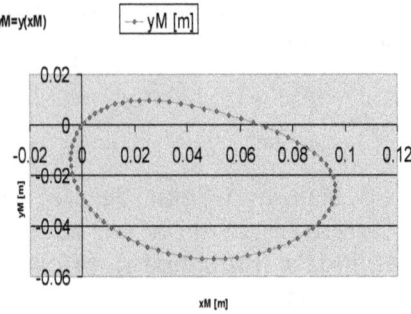

Fig. 5.13. Cinematica mecanismelor cu bare şi roti dintate complexe.
Curba de bielă a punctului M, pentru mecanismul cu triadă de tip
RRRRRR, particulară. Caz (b), angrenare interioară.

5.2.2. Mecanism b+rd complex cu tetradă

În figura 5.14 este prezentată schema cinematică a unui mecanism complex, cu o tetradă în componenţa sa. Elementul conducător 1 este legat la elementul 2, aparţinând tetradei Tt(2,3,4,5).

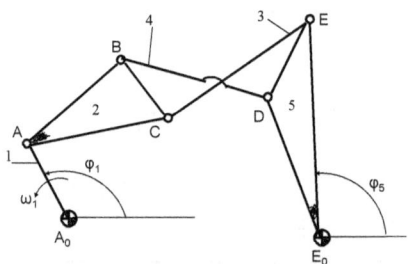

Fig. 5.14. Cinematica mecanismelor cu bare, complexe. Schema
cinematică a mecanismului cu tetradă de tip RRRRRR.
MF(0,1)+Tt(2,3,4,5)

După cum se poate observa din figura 5.14, elementele 3 şi 4 ale tetradei sunt încrucişate.

O astfel de tetradă se obţine prin echivalarea mecanismului complex, cu bare şi roţi dinţate din figura 5.15.

144

Roata 2 este solidară cu biela 2, roata 5 este solidară cu balansierul 5, suma razelor celor două roţi dinţate este egală cu lungimea barei 3 (care este tot o bielă).

Elementul 4, care rezultă prin echivalarea cuplei superioare de clasa a patra, leagă între ele elementele 2 şi 5 care se mai leagă şi prin 3, astfel încât se observă cu uşurinţă tetrada care se formează (de tipul celei din figura 5.14).

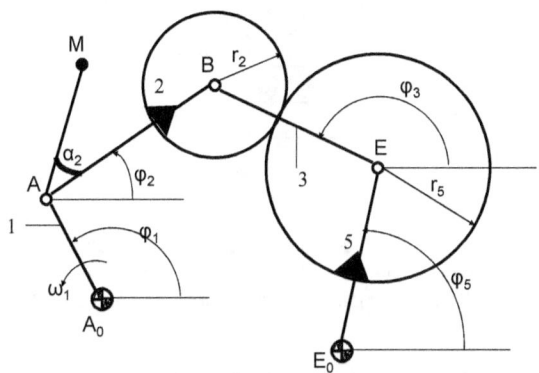

Fig. 5.15. Cinematica mecanismelor cu bare si roti dintate complexe.
Schema cinematică a mecanismului cu tetradă de tip RRRRRR,
particulară. Caz (a) angrenare exterioară.

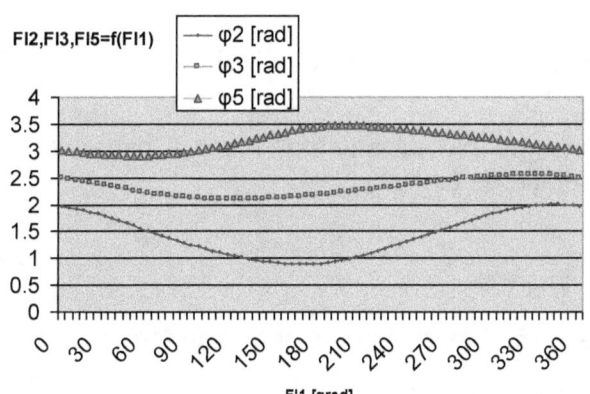

Fig. 5.16. Cinematica mecanismelor cu bare si roti dintate complexe.
Diagramele cinematice ale mecanismului cu tetradă de tip RRRRRR,
particulară. Caz (a), angrenare exterioară.

Diagramele cinematice pot fi urmărite în figura 5.16, iar curba de bielă a punctului M, situat pe biela 2, se poate vedea în figura 5.17.

yM=y(xM)

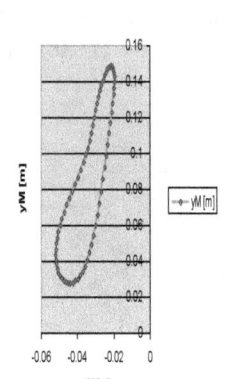

Fig. 5.17. Cinematica mecanismelor cu bare si roti dintate complexe. Curba de bielă a punctului M, pentru mecanismul cu tetradă de tip RRRRRR, particulară. Caz (a), angrenare exterioară.

Relaţiile de calcul rezultate din conturul vectorial A_0ABEE_0, (fig. 5.15), sunt următoarele:

$$x_A + l_2.\cos\varphi_2 = x_{E0} + l_5.\cos\varphi_5 + l_3.\cos\varphi_3 \qquad (5.7)$$

$$y_A + l_2.\sin\varphi_2 = y_{E0} + l_5.\sin\varphi_5 + l_3.\sin\varphi_3 \qquad (5.8)$$

De la mecanismul planetar (cu roţi dinţate) se scrie încă o relaţie de calcul:

$$\varphi_3 = \frac{i_{25}}{i_{25} - 1}\varphi_5 - \frac{1}{i_{25} - 1}\varphi_2 \qquad (5.9)$$

Relaţia (5.9) se mai poate scrie sub forma:

$$\varphi_3 = C_1.\varphi_5 - C_2.\varphi_2 \qquad (5.9')$$

146

Pentru rezolvarea sistemului neliniar, de trei ecuaţii cu trei necunoscute, se aplică o metodă cu caracter general care are avantajul posibilităţii aplicării ei în cele mai multe situaţii posibile; este vorba de metoda de calcul aproximativ (iterativă) „Metoda aproximaţiilor succesive".

Oricâte ecuaţii ar avea sistemul şi chiar dacă ele sunt de grade superioare (plus puternic neliniare), metoda „Aproximaţiilor succesive" liniarizează ecuaţiile (sistemul de ecuaţii) şi reduce gradul lor la valoarea I.

Se înlocuiesc necunoscutele sistemului cu suma dintre necunoscuta respectivă şi o variaţie foarte mică a acesteia, astfel:

$$\varphi_i \rightarrow \varphi_i + \Delta\varphi_i \qquad (5.10)$$

Cu aceasta, funcţiile $\sin(\varphi_i)$ şi $\cos(\varphi_i)$ devin:

$$\sin(\varphi_i + \Delta\varphi_i) = \sin(\varphi_i).\cos(\Delta\varphi_i) + \sin(\Delta\varphi_i).\cos(\varphi_i) =$$

$$= \sin(\varphi_i) + \cos(\varphi_i).\Delta\varphi_i \qquad (5.11)$$

$$\cos(\varphi_i + \Delta\varphi_i) = \cos(\varphi_i).\cos(\Delta\varphi_i) - \sin(\varphi_i).\sin(\Delta\varphi_i) =$$

$$= \cos(\varphi_i) - \sin(\varphi_i).\Delta\varphi_i \qquad (5.12)$$

Se observă faptul că:

$$f(\varphi_i + \Delta\varphi_i) = f(\varphi_i) + f'_{\varphi i}(\varphi_i). \Delta\varphi_i \qquad (5.13)$$

Relaţia (5.13) rezultă şi din metoda secantei sau a lui Newton.

Trebuie avute în vedere câteva principii ale metodei:

a) când avem un produs de diferenţe finite, $\Delta\varphi_i{}^*\Delta\varphi_k$, acestea se aproximează cu zero şi acelaşi lucru este valabil şi pentru $\Delta\varphi_i{}^*\Delta\varphi_i{}^*...{}^*\Delta\varphi_i=\Delta\varphi_i{}^n$ unde n are valori naturale mai mari sau egale cu 2; acest principiu asigură scăderea gradului ecuaţiilor sistemului la valoarea I;

b) prima iteraţie pornind de la o valoare necunoscută, trebuie introdusă o valoare care totuşi să fie apropiată de valoarea reală, cu care se doreşte să funcţioneze mecanismul, deoarece metoda converge obligatoriu, dar ea poate să conveargă către diferite valori (ştiut fiind faptul că sistemele de ecuaţii neliniare, mai ales când acestea au şi grade superioare, au mai multe soluţii posibile), astfel încât este bine să se aleagă pentru prima poziţie (doar pentru o poziţie) valoarea măsurată eventual grafic pentru unghiul (sau mărimea) care trebuie calculat iterativ;

c) iteraţiile se fac până când ultima valoare calculată diferă faţă de cea anterioară cu o valoare foarte mică impusă, mai mică decât ε, (de exemplu $\varepsilon=10^{-16}$); atunci procesul iterativ se încheie şi nu se mai trece la iteraţia următoare, ci la pasul următor, când se calculează a doua valoare corespunzătoare celei de a doua poziţii a mecanismului;

d) obligatoriu, valoarea care se introduce la începutul iteraţiilor pentru calculul celei de a doua poziţii a mecanismului, va fi cunoscută şi egală cu valoarea finală obţinută la pasul anterior (la prima poziţie); această regulă va fi păstrată pe tot parcursul procesului de calcul, astfel încât, atunci când se încheie iteraţiile pentru un anumit pas ales (pentru o anumită poziţie), valoarea finală calculată la pasul respectiv va deveni valoare de plecare (în calculul iterativ) pentru poziţia imediat următoare, astfel încât să putem rămâne pentru tot şirul de valori pe aceeaşi soluţie, chiar dacă există mai multe soluţii posibile

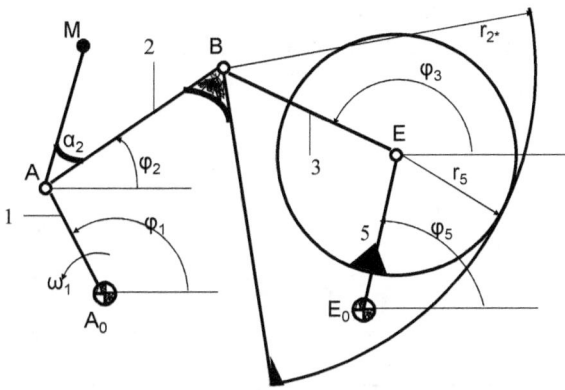

Fig. 5.18. Cinematica mecanismelor cu bare si roti dintate complexe.
Schema cinematică a mecanismului cu tetradă de tip RRRRRR,
particulară. Caz (b) angrenare interioară.

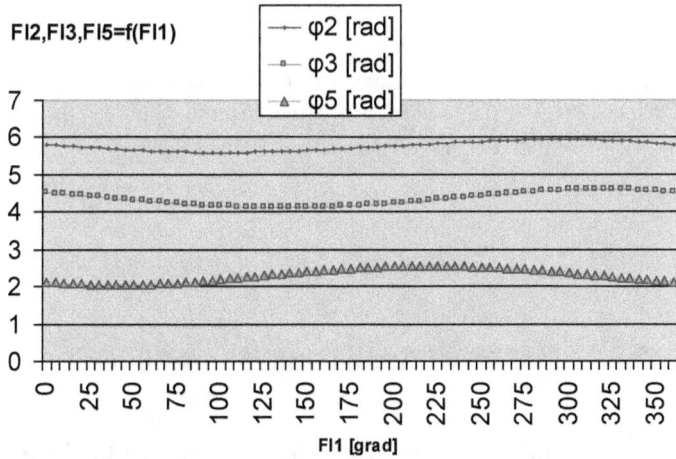

Fig. 5.19. Cinematica mecanismelor cu bare si roti dintate complexe.
Diagramele cinematice ale mecanismului cu tetradă de tip RRRRRR,
particulară. Caz (b), angrenare interioară.

Ceea ce s-a tratat până acum a fost cazul (a), când mecanismul cu tetradă este cel prezentat în figura 5.15, cu angrenare exterioară.

Pentru cazul cu angrenare interioară, vezi figura 5.18, se obţin diagramele cinematice din figura 5.19 şi curba de bielă a punctului M din figura 5.20.

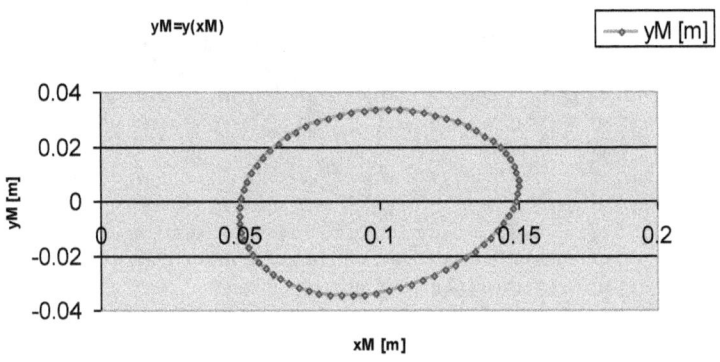

Fig. 5.20. Cinematica mecanismelor cu bare si roti dintate complexe. Curba de bielă a punctului M, pentru mecanismul cu tetradă de tip RRRRRR, particulară. Caz (b), angrenare interioară.

5.2.3. Mecanism b+rd complex cu dublă-triadă

În figura 5.21 este prezentată schema cinematică a unui mecanism complex, cu o triadă-dublă în componenţa sa. Elementul conducător 1 este legat la elementele 2 şi 6 care aparţin dublei-triade DTr(2,3,4,5,6,7). Celelalte două braţe 5 şi 7 se leagă la batiu (elementul fix 0).

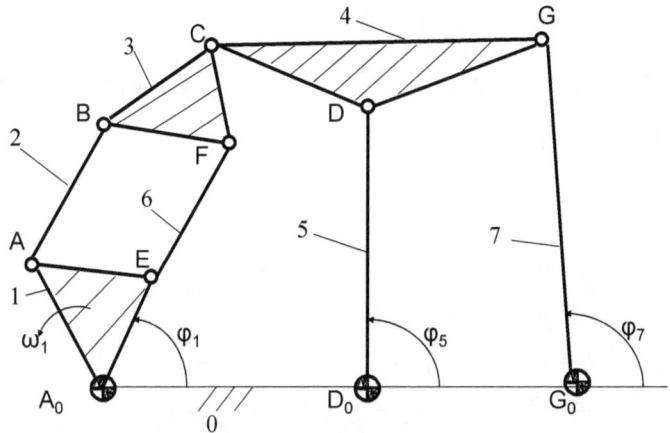

Fig.5.21. Cinematica mecanismelor cu bare, complexe. Schema
cinematică a mecanismului cu dublă-triadă. MF(0,1)+DTr(2,3,4,5,6,7)

Mecanismul complex, cu bare şi roţi dinţate din figura
5.22 se reduce structural la mecanismul cu dublă triadă
din figura 5.21.

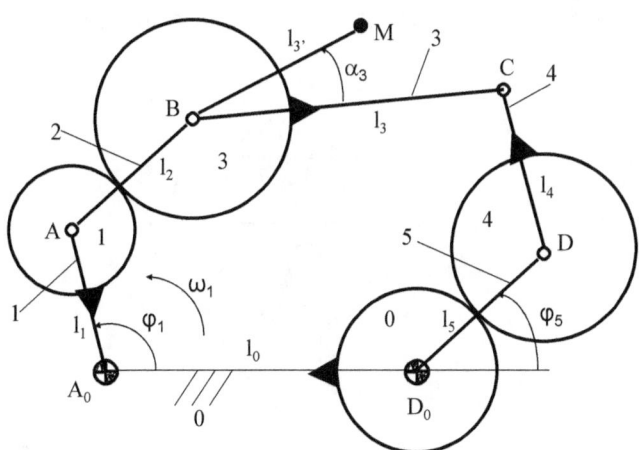

Fig. 5.22. Cinematica mecanismelor cu bare si roti dintate complexe.
Schema cinematică a mec. cu dublă-triadă. MF(0,1)+DTr(2,3,4,5,6,7).

151

În figura 5.23 sunt prezentate diagramele cinematice ale acestui mecanism, mai exact se prezintă variaţia deplasărilor unghiulare ale celor patru elemente 2, 3, 4 şi 5 în funcţie de deplasarea unghiulară φ_1 a elementului 1.

FI2,FI3,FI4,FI5=f(FI1)

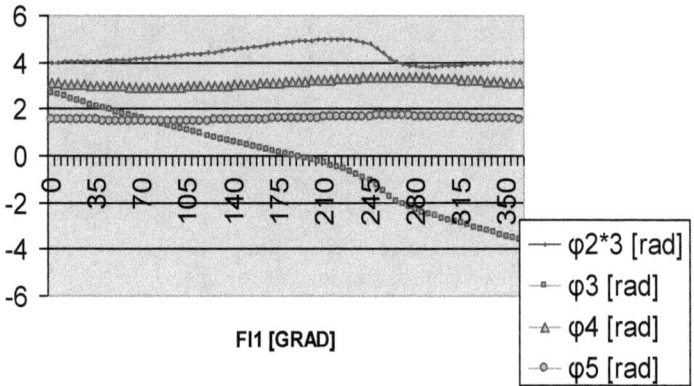

Fig. 5.23. Cinematica mecanismelor cu bare si roti dintate complexe. Diagramele cinematice ale mecanismului cu dublă-triadă.

În figura 5.24 se poate urmări curba de bielă trasată de punctul M, care a fost ales pe elementul 3 (fig. 5.22).

yM=y(xM)

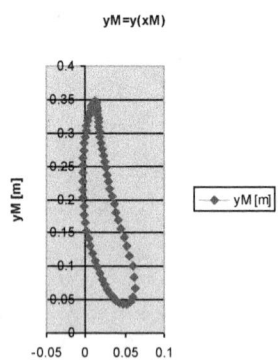

Fig. 5.24. Cinematica mecanismelor cu bare si roti dintate complexe. Curba de bielă a punctului M, pentru mecanismul cu dublă-triadă.

Relaţiile de calcul sunt următoarele:

152

$$l_1.\cos\varphi_1+l_2.\cos\varphi_2+l_3.\cos\varphi_3 = l_0+l_5.\cos\varphi_5+l_4.\cos\varphi_4 \quad (5.14)$$

$$l_1.\sin\varphi_1+l_2.\sin\varphi_2+l_3.\sin\varphi_3 = l_5.\sin\varphi_5+l_4.\sin\varphi_4 \quad (5.15)$$

$$\varphi_3 = i_{31}.\varphi_1+(1-i_{31}).\varphi_2=C_1.\varphi_1+C_2.\varphi_2 \quad (5.16)$$

$$\varphi_4 = (1-i_{40}).\varphi_5= C_3.\varphi_5 \quad (5.17)$$

Primele două ecuaţii reprezintă proiecţiile scalare, ale ecuaţiei vectoriale scrisă pe conturul închis al mecanismului, iar ultimele două relaţii sunt exprimate din cele două angrenaje planetare cu roţi dinţate cilindrice.

Pentru rezolvarea acestui sistem neliniar de patru ecuaţii cu patru necunoscute, se utilizează metoda iterativă a aproximaţiilor succesive.

5.2.4. Mecanism b+rd complex cu tetradă de ordinul 3

În figura 5.25 este prezentată schema cinematică a unui mecanism cu bare, complex, având o tetradă de ordinul 3, în componenţa sa. Elementul conducător 1 este legat la elementele 2 şi 6 care aparţin tetradei de ordinul 3, Tt(2,3,4,5,6,7). Celălalt braţ de intrare al tetradei (5) se leagă la batiu (elementul fix 0).

Există deci o grupă structurală de tip tetradă, de ordinul 3, adică trei cuple de intrare. Această grupă structurală conţine şase elemente (la fel ca şi triada dublă, care deja a fost prezentată) şi este formată prin legarea reciprocă a unei triade cu o diadă (la fel cum prin legarea reciprocă a două diade rezultă tetrada de ordinul 2).

Schema cinematică a tetradei de ordinul 3 (cu trei cuple de intrare) poate fi văzută în figura 5.26.

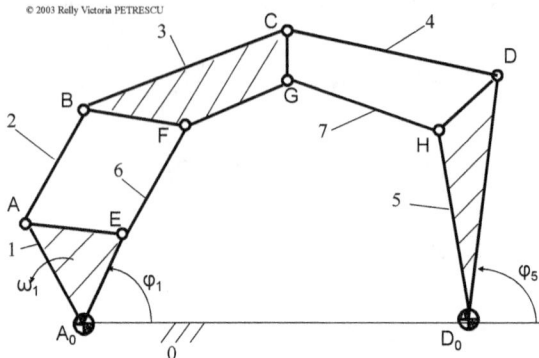

Fig. 5.25. Cinematica mecanismelor cu bare, complexe. Schema
cinematică a mecanismului cu tetradă de ordinul 3.
MF(0.1)+Tt(2.3.4.5.6.7)

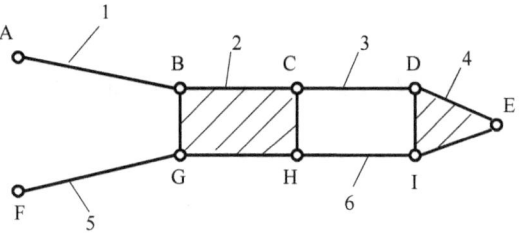

Fig. 5.26. Schema cinematică a unei tetrade de ordinul 3.
Lant cinematic de tip tetradă de ordinul 3 Tt(1,2,3,4,5,6)

În figura 5.26 este prezentată în detaliu grupa
structurală (lanţul cinematic) de tip tetradă de ordinul 3
(tetrada dezvoltată):

În figura 5.27 este redată schema cinematică a unui
mecanism complex, cu bare şi roţi dinţate, care după
echivalarea cuplelor superioare, prezintă schema
structurală asemănătoare cu schema mecanismului
complex cu bare din figura 5.25.

Apare tetrada de ordinul 3, cu trei cuple de intrare.

154

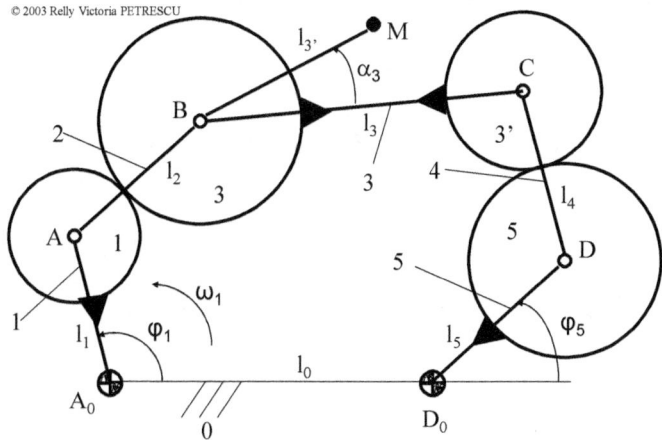

Fig. 5.27. Cinematica mecanismelor cu bare si roti dintate complexe.
Schema cinematică a mecanismului cu tetradă de ordinul 3.

Diagramele cinematice ale mecanismului din figura 5.27, sunt prezentate în figura 5.28.

FI2,FI3,FI4,FI5=f(FI1)

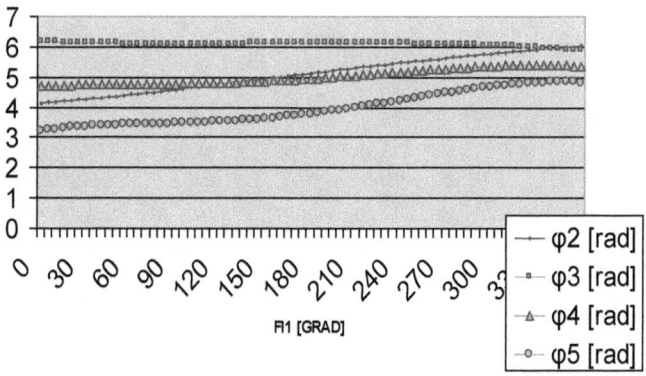

Fig. 5.28. Cinematica mecanismelor cu bare si roti dintate complexe.
Diagramele cinematice ale mecanismului cu tetradă de ordinul 3.

155

Relaţiile de calcul sunt următoarele:

$$l_1.\cos\varphi_1 + l_2.\cos\varphi_2 + l_3.\cos\varphi_3 = l_0 + l_5.\cos\varphi_5 + l_4.\cos\varphi_4 \qquad (5.18)$$

$$l_1.\sin\varphi_1 + l_2.\sin\varphi_2 + l_3.\sin\varphi_3 = l_5.\sin\varphi_5 + l_4.\sin\varphi_4 \qquad (5.19)$$

$$\varphi_3 = i_{31}.\varphi_1 + (1-i_{31}).\varphi_2 = C_1.\varphi_1 + C_2.\varphi_2 \qquad (5.20)$$

$$\varphi_5 = i_{53}.\varphi_3 + (1-i_{53}).\varphi_4 = C_3.\varphi_3 + C_4.\varphi_4 =$$

$$= C_3.C_1.\varphi_1 + C_3.C_2.\varphi_2 + C_4.\varphi_4 \qquad (5.21)$$

Cap 6. SINTEZA STRUCTURILOR PLANETARE CLASICE

6.1. Sinteza cinematică

Sinteza mecanismelor planetare clasice se face de regulă pe baza relaţiilor cinematice, ţinând cont în principal de raportul de transmitere intrare-ieşire realizat. Cel mai utilizat model de mecanism planetar diferenţial este cel prezentat în figura 6.1.

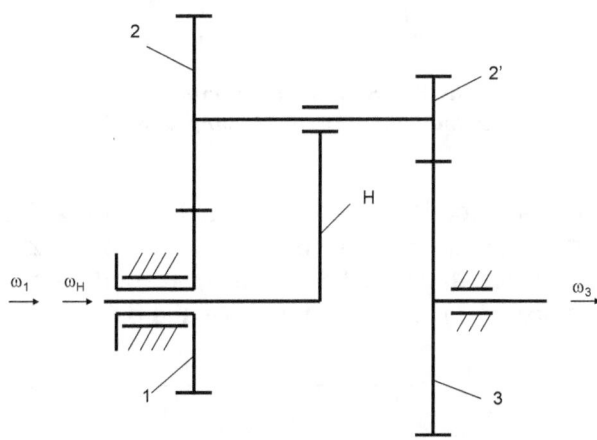

Fig. 6.1. *Schema cinematică a unui mecanism planetar diferenţial (M=2)*

Pentru ca acest mecanism să aibă un singur grad de mobilitate, rămânând desmodrom în utilizările cu o acţionare unică şi o ieşire unică, este necesară reducerea gradului de mobilitate al mecanismului de la doi la unu, fapt ce se poate obţine prin cuplările în serie sau în paralel a două sau mai multe planetare, prin legarea cu angrenaje cu axe fixe, sau cel mai simplu prin rigidizarea unui element mobil; a elementului 1 la acest model (caz în care roata 1 se identifică cu batiul 0; fig.6.2).

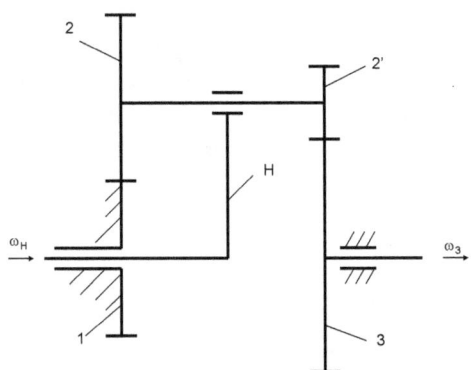

Fig. 6.2. *Schema cinematică a*
unui mecanism planetar simplu (M=1).

Intrarea se face la planetarul simplu din figura 6.2. prin braţul portsatelit, H, iar ieşirea se realizează prin elementul cinematic mobil 3 (roata 3). Raportul cinematic intrare-ieşire (H-3), se scrie direct (relaţia 6.1).

$$i_{H3}^1 = \frac{1}{i_{3H}^1} = \frac{1}{1 - i_{31}^H} = \frac{1}{1 - \dfrac{1}{i_{13}^H}} \qquad (6.1)$$

Unde i_{13}^H reprezintă raportul de transmitere intrare ieşire corespunzător mecanismului cu axe fixe (atunci când braţul portsatelit H stă pe loc), şi se determină în funcţie de schema cinematică a mecanismului planetar utilizat; pentru modelul din figura 6.2 el se determină cu relaţia 6.2, fiind o funcţie de numerele de dinţi ale roţilor 1, 2, 2', 3.

$$i_{13}^H = \frac{z_2}{z_1} \cdot \frac{z_3}{z_{2'}} \qquad (6.2)$$

Se obijnuieşte să se determine formula 1 prin scrierea relaţiei Willis (6.1'):

$$
\begin{cases}
i_{13}^H = \dfrac{\omega_1 - \omega_H}{\omega_3 - \omega_H} \equiv \dfrac{z_2}{z_1} \cdot \dfrac{z_3}{z_{2'}} \\[4mm]
\dfrac{z_2}{z_1} \cdot \dfrac{z_3}{z_{2'}} = \dfrac{\dfrac{\omega_1}{\omega_H} - \dfrac{\omega_H}{\omega_H}}{\dfrac{\omega_3}{\omega_H} - \dfrac{\omega_H}{\omega_H}} \\[6mm]
i_{13}^H = \dfrac{z_2 \cdot z_3}{z_1 \cdot z_{2'}} = \dfrac{0-1}{\dfrac{\omega_3}{\omega_H}-1} = \dfrac{1}{1-i_{3H}} = \dfrac{1}{1-\dfrac{1}{i_{H3}^1}} \Rightarrow \\[6mm]
\Rightarrow i_{H3}^1 = \dfrac{1}{1-\dfrac{1}{i_{13}^H}}
\end{cases}
\qquad (6.1')
$$

Pentru diferitele scheme cinematice planetare prezentate în figura 6.3, dacă intrarea se face prin braţul portsatelit H, iar ieşirea se realizează prin elementul final f, elementul iniţial i fiind de regulă imobilizat, se vor utiliza pentru calculele cinematice relaţiile 6.1 şi 6.2 generalizate; relaţia 6.1 ia forma generală 6.3, iar 6.2 se scrie sub una din formele 6.4 particularizate pentru fiecare schemă în parte, utilizată; unde i devine 1, iar f ia valoarea 3 sau 4 după caz.

$$i_{Hf}^i = \frac{1}{i_{fH}^i} = \frac{1}{1-i_{fi}^H} = \frac{1}{1-\dfrac{1}{i_{if}^H}} \qquad (6.3)$$

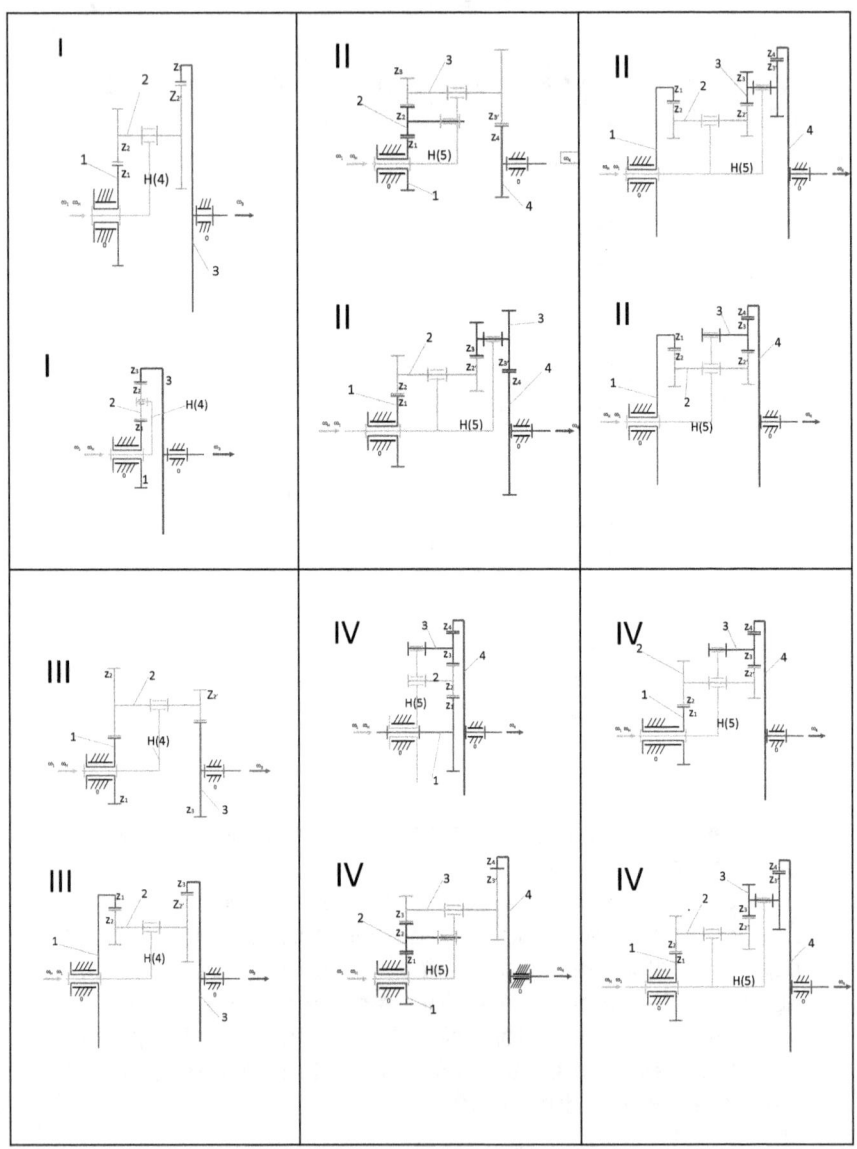

Fig. 6.3. *Mecanisme planetare*

$$\begin{cases} i_{13}^H = -\dfrac{z_2}{z_1} \cdot \dfrac{z_3}{z_{2'}} & pentru \quad I \quad de \quad sus \\[4mm] i_{13}^H = -\dfrac{z_3}{z_1} & pentru \quad I \quad de \quad jos \\[4mm] i_{13}^H = \dfrac{z_2}{z_1} \cdot \dfrac{z_3}{z_{2'}} & pentru \quad III \quad de \quad sus \\[4mm] i_{13}^H = \dfrac{z_2}{z_1} \cdot \dfrac{z_3}{z_{2'}} & pentru \quad III \quad de \quad jos \\[4mm] i_{14}^H = -\dfrac{z_3}{z_1} \cdot \dfrac{z_4}{z_{3'}} & pentru \quad II \quad stânga \quad sus \\[4mm] i_{14}^H = -\dfrac{z_2}{z_1} \cdot \dfrac{z_3}{z_{2'}} \cdot \dfrac{z_4}{z_{3'}} & pentru \quad II \quad dreapta \quad sus \\[4mm] i_{14}^H = -\dfrac{z_2}{z_1} \cdot \dfrac{z_3}{z_{2'}} \cdot \dfrac{z_4}{z_{3'}} & pentru \quad II \quad stânga \quad jos \\[4mm] i_{14}^H = -\dfrac{z_2}{z_1} \cdot \dfrac{z_4}{z_{2'}} & pentru \quad II \quad dreapta \quad jos \\[4mm] i_{14}^H = \dfrac{z_4}{z_1} & pentru \quad IV \quad stânga \quad sus \\[4mm] i_{14}^H = \dfrac{z_2}{z_1} \cdot \dfrac{z_4}{z_{2'}} & pentru \quad IV \quad dreapta \quad sus \\[4mm] i_{14}^H = \dfrac{z_3}{z_1} \cdot \dfrac{z_4}{z_{3'}} & pentru \quad IV \quad stânga \quad jos \\[4mm] i_{14}^H = \dfrac{z_2}{z_1} \cdot \dfrac{z_3}{z_{2'}} \cdot \dfrac{z_4}{z_{3'}} & pentru \quad IV \quad dreapta \quad jos \end{cases} \qquad (6.4)$$

Mult mai rar mecanismele planetare sunt sintetizate şi pe criteriul randamentului lor mecanic realizat în funcţionare, deşi acest criteriu face parte din dinamica reală a mecanismelor, fiind totodată şi criteriul cel mai important din punct de vedere al performanţei unui mecanism.

Dar şi în aceste cazuri se utilizează pentru determinarea randamentului mecanic al planetarului respectiv numai relaţii de calcul aproximative (cele mai răspândite şi recunoscute fiind cele ale şcolii ruseşti de mecanisme), care în cele mai multe situaţii generează calcule eronate promiţând randamente mai mari decât cele reale posibile.

Din această cauză mecanismele planetare în general şi planetarele utilizate la cutiile de viteze automate în particular, au fost mult supraevaluate în cea ce priveşte posibilităţile lor mecanice, crezându-se că ele pot realiza (compact) rapoarte de transmitere foarte mari (mult mai mari decât cele ale angrenajelor cu axe fixe) fără compromiterea randamentului mecanic.

Ei bine lucrurile nu stau chiar aşa; pentru trecerea de la angrenajele cu axe fixe la cele cu axe mobile vom avea compactizare, însă rapoartele de transmitere trebuie să fie moderate pentru randamente ridicate, în caz contrar la realizarea unor rapoarte de transmitere foarte mari riscând să utilizăm mecanisme cu randamente foarte mici şi pierderi de putere mecanică foarte mari.

E posibil chiar ca angrenajele cu axe fixe să genereze randamente mult mai ridicate decât cele cu axe mobile, separat de faptul că transmisiile realizate cu axe fixe sunt mai rigide (solide), mai rezistente la deformaţii (a se urmări în figura 4 deformaţiile ce pot apărea la sistemele planetare în funcţionare), şi mult mai rapide în reacţii (au un răspuns mecanic mult mai rapid decât mecanismele cu axe mobile, fapt ce a şi împiedicat multă vreme generalizarea cutiilor de viteze automate pe autovehicule, şi în special pe automobile, ca să nu mai amintim de cele de curse: formula I, etc...). Aşa au apărut şi hibrizii (ca un compromis).

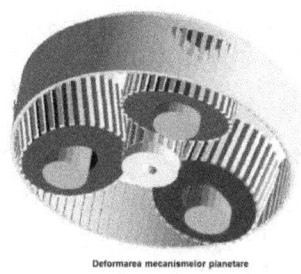

Deformarea mecanismelor planetare

Fig. 6.4. *Mecanism planetar*

6.2. Sinteza dinamică, pe baza randamentului realizat

Sinteza mecanismelor planetare, pe criterii dinamice (cea mai importantă), este cea în funcţie de randamentul mecanic (al sistemului sau ansamblului) realizat în funcţionare.

Pentru un sistem planetar obijnuit (fig. 2) randamentul mecanic se determină plecând de la relaţia (6.5) ce exprimă puterea pierdută P_l în funcţie de puterea la intrare P_H şi cea la ieşire P_3 sau P_4 (generic P_f).

$$P_l = P_H - P_3 = M_H \cdot \omega_H - M_3 \cdot \omega_3 =$$
$$= (M_3 + M_1) \cdot \omega_H - M_3 \cdot \omega_3 =$$
$$= M_3 \cdot \omega_H - M_3 \cdot \omega_3 + M_1 \cdot \omega_H =$$
$$= M_3 \cdot (\omega_H - \omega_3) + M_1 \cdot \omega_H$$

(6.5)

Se cunoaşte relaţia (6.6) de tip Willis, din care se poate explicita momentul M_1, care se introduce apoi în relaţia (6.5) şi se obţine formula (6.7):

$$\left\{ \begin{aligned} \eta_{13}^H &= \frac{P_3^H}{P_1^H} = \frac{M_3 \cdot \omega_3^H}{M_1 \cdot \omega_1^H} = \frac{M_3 \cdot (\omega_3 - \omega_H)}{M_1 \cdot (\omega_1 - \omega_H)} = \\ &= \frac{M_3}{M_1} \cdot \frac{\omega_3 - \omega_H}{-\omega_H} = \frac{M_3}{M_1} \cdot \left(1 - \frac{\omega_3}{\omega_H}\right) = \\ &= \frac{M_3}{M_1} \cdot (1 - i_{3H}) = \frac{M_3}{M_1} \cdot (1 - i_{3H}^1) \Rightarrow \\ &\Rightarrow M_1 = \frac{M_3}{\eta_{13}^H} \cdot (1 - i_{3H}^1) \end{aligned} \right. \tag{6.6}$$

$$\left\{ \begin{aligned} P_l &= M_3 \cdot (\omega_H - \omega_3) + M_1 \cdot \omega_H = \\ &= M_3 \cdot (\omega_H - \omega_3) + \frac{M_3 \cdot \omega_H}{\eta_{13}^H} \cdot (1 - i_{3H}) = \\ &= M_3 \cdot \omega_3 \cdot \left(\frac{\omega_H}{\omega_3} - 1\right) + M_3 \cdot \omega_3 \cdot \left(\frac{\omega_H}{\omega_3} - 1\right) \cdot \frac{1}{\eta_{13}^H} = \\ &= M_3 \cdot \omega_3 \cdot \left(\frac{\omega_H}{\omega_3} - 1\right) \cdot \left(1 + \frac{1}{\eta_{13}^H}\right) = \\ &= M_3 \cdot \omega_3 \cdot (i_{H3} - 1) \cdot \frac{1 + \eta_{13}^H}{\eta_{13}^H} = P_3 \cdot (i_{H3} - 1) \cdot \frac{1 + \eta_{13}^H}{\eta_{13}^H} \\ &\Rightarrow P_p = |P_l| = P_3 \cdot \frac{1 + \eta_{13}^H}{\eta_{13}^H} \cdot |i_{H3} - 1| \end{aligned} \right. \tag{6.7}$$

Randamentul exact al unui sistem planetar simplu de tipul celui din figura 6.2 se obţine introducând expresia puterii pierdute absolute, P_p explicitată din relaţia (6.7) în formula randamentului sistemului (6.8).

$$\begin{cases} \eta_{H3}^{1} = \dfrac{P_3}{P_H} = \dfrac{P_3}{P_3 + P_p} = \dfrac{P_3}{P_3 + P_3 \cdot \dfrac{1 + \eta_{13}^{H}}{\eta_{13}^{H}} \cdot \left| i_{H3} - 1 \right|} = \\[4ex] = \dfrac{1}{1 + \dfrac{1 + \eta_{13}^{H}}{\eta_{13}^{H}} \cdot \left| i_{H3} - 1 \right|} = \dfrac{1}{1 + \dfrac{1 + \eta_{13}^{H}}{\eta_{13}^{H}} \cdot \left| i_{H3}^{1} - 1 \right|} \end{cases} \qquad (6.8)$$

Pentru mecanismele cu patru sisteme de roţi dinţate randamentul îmbracă forma (6.9).

$$\begin{cases} \eta_{H4}^{1} = \dfrac{P_4}{P_H} = \dfrac{P_4}{P_4 + P_p} = \dfrac{P_4}{P_4 + P_4 \cdot \dfrac{1 + \eta_{14}^{H}}{\eta_{14}^{H}} \cdot \left| i_{H4} - 1 \right|} = \\[4ex] = \dfrac{1}{1 + \dfrac{1 + \eta_{14}^{H}}{\eta_{14}^{H}} \cdot \left| i_{H4} - 1 \right|} = \dfrac{1}{1 + \dfrac{1 + \eta_{14}^{H}}{\eta_{14}^{H}} \cdot \left| i_{H4}^{1} - 1 \right|} \end{cases} \qquad (6.9)$$

Cap. 7. ANALIZA ŞI SINTEZA MECANISMELOR CU BARE ŞI ROŢI DINŢATE UTILIZATE LA MANIPULATOARE-ROBOŢI

Mecanismele cu bare şi roţi dinţate sunt folosite tot mai mult în construcţia manipulatoarelor şi a roboţilor industriali, în mod special în componenţa mecanismelor de orientare (MOr). În componenţa lanţurilor cinematice deschise ale mecanismelor de poziţionare (MPz) ale roboţilor, denumite şi generatoare de traiectorii, se evidenţiază un prim lanţ cinematic cu bare, la care este ataşat un lanţ cinematic cu roţi dinţate cilindrice, conice şi hipoide [A6], [B8], [O1].

7.1. Mecanisme complexe cu bare şi roţi dinţate specifice roboţilor

Se analizează o schemă cinematică complexă (fig. 7.1) cu bare şi roţi dinţate conice a unui manipulator-robot cu 6+1 mobilităţi, la care mecanismul de poziţionare (de tip RRR) nu se distinge de mecanismul de orientare RRR. Cele două lanţuri cinematice ale MPz $(R_z \perp R_x \| R_x)$ şi MOr $(R_z \perp R_x \perp R_z)$ sunt înseriate (în prelungire). La partea terminală (în punctul O_6) a lanţului cinematic articulat $O_0O_1O_2O_3O_4O_5$ se ataşează mecanismul de apucare (MAp), realizat cu două paralelograme articulate.

Toate cele 6+1 lanţuri cinematice sunt acţionate prin intermediul unor reductoare melcate (cu roţi hipoide) de motoare electrice situate la bază (fig. 7.1).

Lanţul cinematic cu bare este reprezentat simplificat în stânga figurii 7.1, iar în dreapta este o proiecţie axială a schemei cinematice complete a mecanismului cu bare şi roţi dinţate.

Mecanismul cu bare articulate (0, 1, 2, 3, 4, 5, 6) cu şase elemnte mobile este lanţul cinematic principal la care se ataşează şase lanţuri cinematice cu roţi dinţate conice.

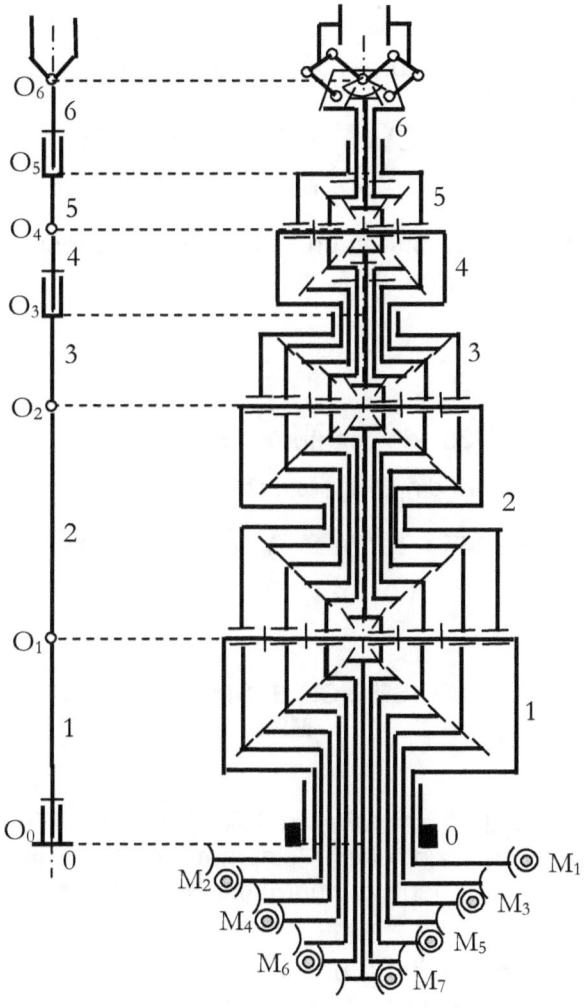

Fig. 7.1. *Schemă cinematică complexă*

Mobilitatea mecanismului complex cu bare şi roţi dinţate se calculează cu formula generală [A11]:

$$M = \sum_{m=1}^{5} (m \cdot C_m) - \sum_{r=2}^{6} (r \cdot N_r) \qquad (7.1)$$

Parametrii structural - geometrici ai mecnismului complex sunt:

$m = 1, C_1 = 47; m = 2, C_2 = 27; m = 5, C_5 = 7;$

$n = 45, r = 3, N_3 = 29; r = 6, N_6 = 7.$

Numărul total al contururilor închise independente se calculează cu formula:

$$N_c = \sum_{m=1}^{5} C_m - n = 47 + 27 + 7 - 45 = 36 \qquad (7.2)$$

Din cele 36 de contururi se identifică $N_6 = 7$ şi $N_3 = 29$, astfel din (7.1) rezultă:

$$M = (1 \cdot 47 + 2 \cdot 27 + 5 \cdot 7) - (3 \cdot 29 + 6 \cdot 7) = 7 \qquad (7.3)$$

7.2. MECANISME CU B. ŞI R.D. DIN STRUCTURA MPz

Se consideră un MPz tip RRR varianta R||R||R (fig. 7.2), care reprezintă lanţul cinematic cu bare, la care se ataşează două lanţuri cinematice cu r.d. conice [A10], [O1].

Acţionarea se face prin motoare electrice plasate la bază de o parte şi de alta a unei carcase deschise [O1].

Motorul M_1 acţionează, prin intermediul unui angrenaj cilindric, braţul 1 care se roteşte în jurul axei fixe Δ_1 (fiind prevăzute două lagăre coaxiale în carcasa fixă).

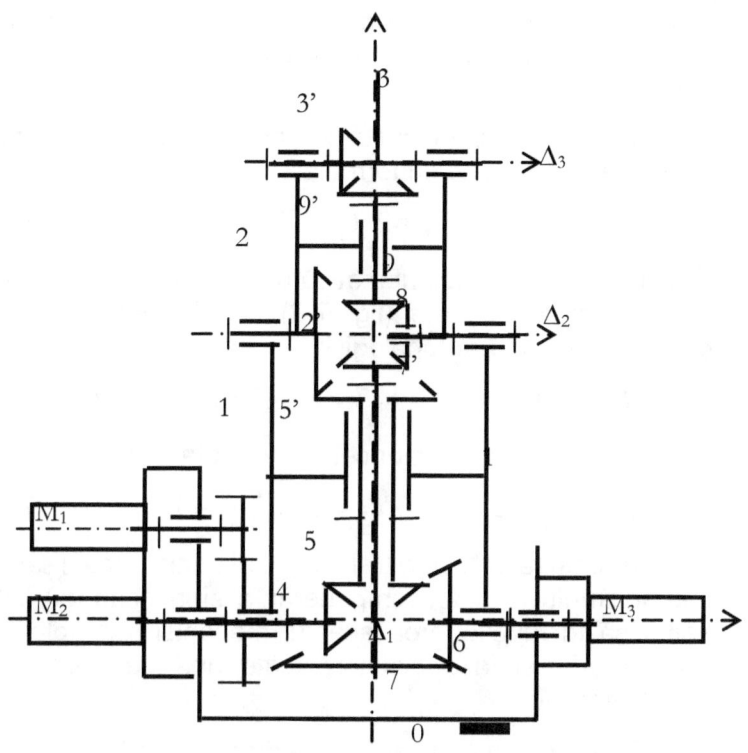

Fig. 7.2. *Schema cinematică a unui* MPz

tip RRR varianta R‖R‖R

Motorul M_2 acţionează braţul 2 prin lanţul cinematic ataşat la bara 1, acesta fiind format din două angrenaje conice ortogonale.

Braţul 2 se roteşte în jurul axei mobile Δ_2, această mişcare fiind posibilă prin intermediul a două lagăre coaxiale montate în braţul 1.

Motorul M_3 acţionează bara 3 prin intermediul lanţului cinematic format din patru angrenaje conice ortogonale.

Bara 3 se roteşte în jurul axei mobile Δ_3, rotaţie care se realizează în două lagăre coaxiale montate la capătul barei 2.

Mobilitatea mecanismului cu bare (braţe) şi roţi dinţate conice se calculează cu formula:

$$M = C_1 + 2 \cdot C_2 - 3N_3 \qquad (7.4)$$

Urmărind schema cinematică a mecanismului complex cu bare şi roţi dinţate (fig. 7.2) se stabilesc următorii parametrii structural-topologici:

$$m = 1, C_1 = 10; m = 2, C_2 = 7; r = 3, n = 10, N_3 = 7 \qquad (7.5)$$

Cu aceste valori numerice, din formula (7.4) se obţine:

$$M = C_1 + 2 \cdot C_2 - 3N_3 = 10 + 2 \cdot 7 - 3 \cdot 7 = 3 \qquad (7.6)$$

Corespunzător celor trei mobilităţi, mişcarea reală a mecanismului se descompune în trei mişcări parţiale, astfel că în funcţionarea acestui mecanism complex se pot urmări trei faze distincte, câte una pentru fiecare mobilitate:

I) $\omega_1 \neq 0, \omega_4 = 0, \omega_6 = 0$, adică motorul M_1 este în funcţiune şi celelalte două M_2 şi M_3 sunt blocate. În acest caz, prin acţionarea barei 1, cele două lanţuri cinematice secundare (cu angrenaje conice) sunt activate parţial;

II) $\omega_1 = 0, \omega_4 \neq 0, \omega_6 = 0$, când motorul M_2 este în funcţiune, iar M_1 şi M_3 blocate. În această fază este activat parţial şi celălalt lanţ cinematic cu angrenaje;

III) $\omega_1 = 0, \omega_4 = 0, \omega_6 \neq 0$, adică motorul M_3 este în funcţiune respectiv M_1 şi M_2 sunt blocate. În această situaţie mişcarea de la M_3 nu influenţează celelalte două lanţuri cinematice.

Funcţiile de transmitere realizate de lanţurile cinematice cu roţi dinţate conice se stabilesc ţinând seama de următoarele trei criterii de analiză unitară [A10]:

a) la angrenajul conic, la care axele de rotaţie au sensuri alese (fig. 7.3), raportului de transmitere i se asociază semnul plus sau minus, după cum generatoarea comună conurilor de rostogolire este în cadranele cu număr par (II şi IV) respectiv în cadranele cu număr impar (I şi III);

b) la angrenajul conic cu axe mobile, când roata centrală este fixă (fig. 7.4), rotaţia relativă a roţii satelit (faţă de braţul mobil) este egală cu viteza unghiulară a braţului, luată cu semnul minus, înmulţită cu raportul de transmitere de la roata mobilă la cea fixă în ipoteza „braţul imobilizat";

c) când două roţi centrale se află în angrenare conică ortogonală cu o roată satelit (fig. 7.5), dacă una din roţile centrale este fixă, cealaltă roată centrală se roteşte cu dublul vitezei unghiulare a braţului portsatelit.

a) *Criteriul* 1. Se cunoaşte că la angrenajul cilindric (cu axe paralele) raportul de transmitere este negativ (la angrenarea exterioară) sau pozitiv (la angrenarea interioară).

Pentru a efectua o analiză cinematică unitară, la angrenajul conic cu axe fixe orientate x şi y (fig. 7.3), raportul de transmitere este definit ca o mărime algebrică.

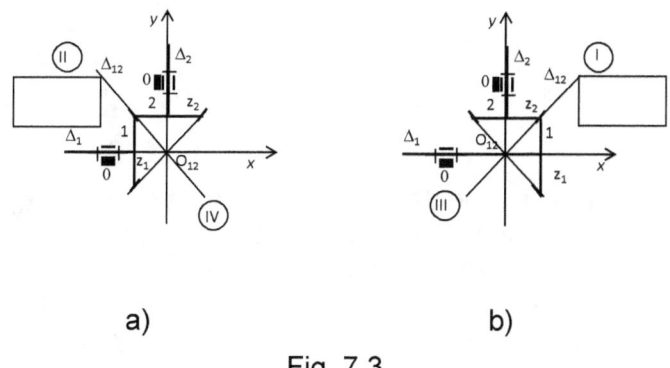

a)   b)

Fig. 7.3

Raportul de transmitere a unui angrenaj conic (cu axe fixe orientate) se defineşte univoc prin expresia generală:

$$i_{12} = \frac{\omega_1}{\omega_2} = (-1)^n \cdot \frac{z_2}{z_1} \qquad (7.7)$$

În cadranele I şi III ($n = 1, 3$) din (7.7) rezultă o mărime negativă: $i_{12} < 0$ (fig. 7.3b).

În cadranele II şi IV ($n = 2, 4$) din (7.7) rezultă o mărime pozitivă: $i_{12} > 0$ (fig. 7.3a).

b) *Criteriul* 2. În cazul angrenajului conic cu axe mobile (fig. 7.4), acesta este un mecanism cu bare şi roţi dinţate, în care lanţului cinematic cu bare (0, 3) i s-a ataşat lanţul cinematic cu două roţi conice care formează angrenajul conic (1, 2).

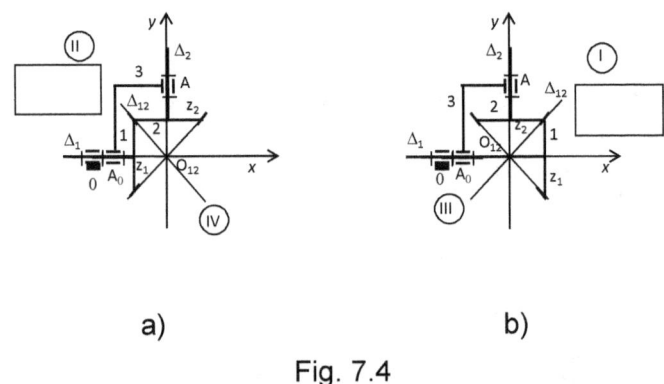

a)   b)

Fig. 7.4

În funcţie de orientarea axelor de rotaţie (Δ_1 şi Δ_2) ca axe de coordonate (x şi y) ale celor două roţi dinţate conice, raportul de transmitere al angrenajului conic faţă de bara 3 (imobilizată) are expresia algebrică pozitivă, $i_{12}^3 > 0$ (fig. 7.4a) sau negativă, $i_{12}^3 < 0$ (fig. 7.4b).

Viteza unghiulară relativă a roţii 2 în raport cu bara 3 se calculează cu formula:

$$\omega_{23} = (\omega_1 - \omega_3) \cdot i_{21}^3 \text{ unde } i_{21}^3 = \frac{1}{i_{12}^3} \qquad (7.8)$$

Dacă roata centrală 1 este imobilizată prin blocare ($\omega_1 = 0$), atunci roata satelit 2 se roteşte în raport cu bara 3 cu viteza unghiulară relativă:

$$\omega_{23}^1 = -\omega_3 \cdot i_{21}^3 \qquad (7.9)$$

c) *Criteriul* 3. În schemele cinematice ale mecanismelor complexe cu bare şi roţi dinţate conice (fig. 7.2) apar adesea lanţuri cinematice cu trei roţi dinţate conice, care sunt ataşate unui lanţ cinematic cu o singură bară articulată (fig. 7.5).

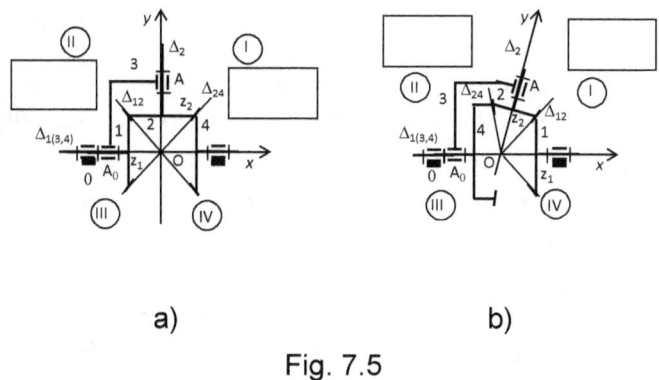

a)   b)

Fig. 7.5

În cazul angrenajelor conice ortogonale (fig. 7.5a), roţile dinţate centrale (1, 4) sunt egale şi au acelaşi număr de dinţi ($z_1 = z_4$).

Şi la angrenajele conice neortogonale (fig. 7.5b) axele *x* şi *y* împart planul axial al schemei cinematice în patru cadrane, iar cele două roţi centrale nu sunt egale ($z_1 \neq z_4$).

Se scrie raportul de transmitere între roţile 1 şi 4 (fig. 7.5), faţă de bara 3, în ipoteza că axele de rotaţie Δ_2 sunt fixe:

$$i_{14}^3 = \frac{\omega_1 - \omega_3}{\omega_4 - \omega_3} = i_{12}^3 \cdot i_{24}^3 = -\frac{z_4}{z_1} \qquad (7.10)$$

Pentru angrenajele ortogonale (fig. 7.5a) din (7.10) se deduce:

$$i_{14}^3 = \frac{\omega_1 - \omega_3}{\omega_4 - \omega_3} = -1 \qquad (7.11)$$

Când una din roţile centrale este fixă (blocată), de exemplu roata 4 ($\omega_4 = 0$), din (7.11) se deduce că cealaltă roată centrală 1 se roteşte cu viteza unghiulară egală cu dublul vitezei unghiulare a barei 3:

$$\omega_1 = 2\omega_3 \qquad (7.12)$$

În analiza cinematică a mecanismului spaţial complex (fig. 7.2) se cunosc cele trei viteze unghiulare ω_1, ω_4 şi ω_6. Pentru un calcul unitar al vitezelor unghiulare ale barelor 1, 2 şi 3 se aplică primele două criterii (1 şi 2).

Se începe calculul cinematic cu faza III când motoarele M_1 şi M_2 sunt blocate, astfel că motorul M_3 acţionează lanţul cinematic central 6 − 7(7')-8-9(9')-3'(3), fără a le influenţa pe celelalte.

Viteza unghiulară relativă a barei 3 în raport cu bara 2 se calculează în ipoteza axelor de rotaţie fixe, deci barele 1 şi 2 sunt imobilizate:

$$\omega_{32}^{III} = \omega_6 \cdot i_{3'6}^{1,2} \qquad (7.13)$$

Funcţia de transmitere specifică acestui lanţ se scrie explicit, prin aplicarea criteriului 1:

$$i_{3'6}^{1,2} = i_{3'9'}^{2} \cdot i_{98}^{2} \cdot i_{87'}^{1} \cdot i_{76}^{1} = (-\frac{z_{9'}}{z_{3'}}) \cdot$$

$$\cdot (-\frac{z_{9}}{z_{8}}) \cdot (\frac{z_{8}}{z_{7'}}) \cdot (\frac{z_{7}}{z_{6}}) = \frac{z_{7} \cdot z_{9} \cdot z_{9'}}{z_{3'} \cdot z_{6} \cdot z_{7'}}$$

(7.14)

În faza II sunt blocate motoarele M_1 şi M_3, iar motorul M_2 acţionează lanţul cinematic secundar pe traseul 4-5(5')-2'(2). Mişcarea barei 2 implică activarea angrenajelor (8,9) şi (9',3') care realizează mişcarea faţă de roata 7' imobilizată.

Cele două fluxuri de mişcare din faza II permit calculul vitezei unghiulare relative la axa Δ_2 a barei 2 faţă de bara 1 (fig. 7.2):

$$\omega_{21}^{II} = \omega_4 \cdot i_{2'4}^{1}$$

(7.15)

şi la axa Δ_3 a barei 3 faţă de bara 2, aplicând criteriul 2 prezentat mai sus:

$$\omega_{32}^{II} = -\omega_{21}^{II} \cdot i_{3'7'}^{2}$$

(7.16)

Funcţiile de transmitere din formulele (7.15) şi (7.16) se scriu explicit, aplicând criteriul 1:

$$i_{2'4}^{1} = i_{2'5'}^{1} \cdot i_{54}^{1} = (-\frac{z_{5'}}{z_{2'}}) \cdot (\frac{z_{4}}{z_{5}}) = -\frac{z_{4} \cdot z_{5'}}{z_{2'} \cdot z_{5}}$$

(7.17)

$$i_{3'7'}^{2} = i_{3'9'}^{2} \cdot i_{98}^{2} \cdot i_{87'}^{2} = (-\frac{z_{9'}}{z_{3'}}) \cdot (-\frac{z_{8}}{z_{9}}) \cdot (\frac{z_{7'}}{z_{8}}) = \frac{z_{7'} \cdot z_{9'}}{z_{3'} \cdot z_{9}}$$

(7.18)

Faza I este caracterizată de blocarea motoarelor M_2 şi M_3, iar motorul M_1 prin angrenajul cilindric cu raportul i_c acţionează bara 1, a cărei viteză unghiulară se notează ca atare:

$$\omega_1^{I} = \omega_{m1} \cdot i_c = \omega_1$$

(7.19)

Rotaţia barei 1 determină mişcări adiţionale parţiale în fiecare din celelalte două lanţuri cinematice (fig. 7.2), rezultatul fiind vitezele unghiulare relative ale barei 2 faţă de 1 respectiv a barei 3 faţă de 2.

Pentru calculul acestor viteze unghiulare relative se aplică criteriul 2, ştiind că roţile centrale 4 şi 6 sunt imobilizate:

$$\omega_{21}^{I} = -\omega_1 \cdot i_{2'4}^{1} \qquad (7.20)$$

respectiv

$$\omega_{32}^{I} = -\omega_1 \cdot i_{3'6}^{1,2} \qquad (7.21)$$

Funcţiile de transmitere din formulele (7.20) şi (7.21) sunt explicitate în relaţiile (7.17) respectiv (7.14), forma explicită fiind în funcţie de numerele de dinţi:

$$i_{2'4}^{1} = -\frac{z_4 \cdot z_{5'}}{z_{2'} \cdot z_5} \qquad (7.22)$$

respectiv

$$i_{3'6}^{1,2} = \frac{z_7 \cdot z_9 \cdot z_{9'}}{z_{3'} \cdot z_6 \cdot z_{7'}} \qquad (7.23)$$

Cazul general este atunci când toate cele trei motoare M_1, M_2 şi M_3 sunt pornite, ceea ce corespunde suprapunerii celor trei faze analizate mai sus.

Practic interesează calculul rotaţiilor, respectiv vitezelor unghiulare ale barelor 1, 2 şi 3 ale lanţului cinematic articulat (fig. 7.2).

Pentru bara 1 viteza unghiulară este dată de formula (7.19), iar pentru bara 2 se calculează viteza unghiulară relativă faţă de axa Δ_2 prin însumarea expresiilor (7.20) şi (7.15):

$$\omega_{21} = \omega_{21}^{I} + \omega_{21}^{II} = -(\omega_1 - \omega_4) \cdot i_{2'4}^{1} \qquad (7.24)$$

în care funcţia de transmitere $i_{2'4}^{1}$ are expresia (7.22).

Rotaţia şi viteza unghiulară relativă a barei 3 faţă de axa Δ_3 se obţine prin însumarea unghiurilor sau a vitezelor unghiulare obţinute în cele trei faze. Astfel, viteza unghiulară relativă a barei 3 faţă de axa Δ_3 (fig. 7.2) rezultă prin însumarea expresiilor (7.21), (7.16) şi (7.13):

$$\omega_{32} = \omega_{32}^I + \omega_{32}^{II} + \omega_{32}^{III} =$$
$$= -(\omega_1 - \omega_6) \cdot i_{3'6}^{1,2} - \omega_4 \cdot i_{2'4}^{1} \cdot i_{3'7}^{2} \qquad (7.25)$$

7.3. MECANISME CU B. ŞI R.D. CILINDRICE DIN STRUCTURA MOr

Un MOr este un subsistem al robotului industrial, prin care se realizează orientarea şi micropoziţionarea unui obiect într-un subdomeniu restrâns, în vecinătatea unor puncte din spaţiul de lucru al robotului.

Micropoziţionarea unui corp, prins prin intermediul mecanismului de apucare, se obţine prin însumarea unor rotaţii succesive limitate ale MOr.

Se consideră un MOr tip vertebroid [D2] care este realizat prin ataşarea la un lanţ cinematic cu bare a unui lanţ cinematic cu roţi dinţate cilindrice (fig. 7.6).

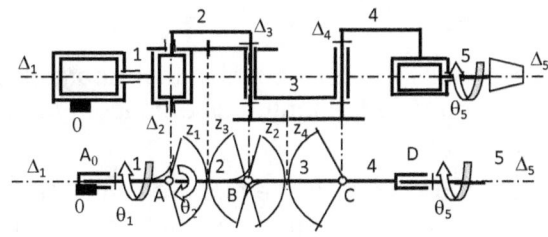

Fig. 7.6

Mecanismul complex cu bare şi roţi dinţate este reprezentat în două proiecţii, cea de sus este realizată într-un plan axial, iar cea de jos este realizată pe un plan transversal la axele articulaţiilor din A, B şi C. Lanţul cinematic cu bare articulate (0, 1, 2, 3, 4, 5) este de tip R $\perp$ R || R || R $\perp$ R, având plasate trei motoare electrice în cuplele A_0 (0, 1), A (1, 2) şi D (4, 5).

Lanţul cinematic ataşat este format din două angrenaje de sectoare dinţate cilindrice cu axele în articulaţiile A, B şi C.

Primul sector dinţat este solidar cu carcasa motorului din cupla A, respectiv cu bara 1, care, la rândul ei, este solidară cu rotorul motorului din A_0.

Al doilea sector dinţat este solidar cu bara 3, reprezentând roata satelit cu bara 2 ca braţ portsatelit. Al treilea sector dinţat este solidar cu bara 2, a cărei rotaţie este dată de motorul din cupla mobilă A (1, 2). Al patrulea sector dinţat este solidar cu bara 4 şi reprezintă al doilea satelit, având ca braţ portsatelit bara 3.

Mobilitatea mecanismului complex se calculează cu formula (7.1) care se aplică sub forma:

$$M = C_1 + 2 \cdot C_2 - 3 \cdot N_3 = 5 + 2 \cdot 2 - 3 \cdot 2 = 3 \qquad (7.26)$$

În formula (7.26) s-au înlocuit valorile numerice ale parametrilor specifici mecanismului analizat:

$$m = 1, C_1 = 5; m = 2, C_2 = 2; r = 3, n = 5, N_3 = 2 \qquad (7.27)$$

Cele trei mobilităţi ale mecanismului spaţial complex (fig. 7.6) corespund la trei lanţuri cinematice: I (0, 1), II (1, 2, 3, 4) şi III (4, 5).

Deoarece motoarele de acţionare sunt plasate în cuple, aceste lanţuri cinematice sunt total decuplate, astfel că mişcarea unuia nu influenţează mişcarea celorlalte două lanţuri.

Rotaţia întregului mecanism complex se realizează în jurul axei Δ_1 cu primul lanţ cinematic cu bare (0, 1).

Rotația barei 5 în jurul axei Δ_5 se realizează cu al treilea lanț cinematic cu bare (4, 5).

În fine, al doilea lanț cinematic cu bare și roți dințate (1, 2, 3, 4) este acționat în mișcare plană, prin rotația barei 2 în jurul axei Δ_2. Pentru rotațiile relative din articulațiile B și C se obțin următoarele viteze unghiulare:

$$\omega_{32} = -\omega_2 \cdot i_{31}^2; \quad \omega_{43} = \omega_2 \cdot i_{31}^2 \cdot i_{42}^3 \qquad (7.28)$$

în care rapoartele de transmitere relative au expresiile:
$$i_{31}^2 = -(z_1 / z_3); i_{42}^3 = -(z_2 / z_4).$$

7.4. MECANISME CU B. ȘI R.D. CILINDRICE ȘI CONICE DIN STRUCTURA MOr

Se consideră schema cinematică a unui MOr trimobil cu lanțuri cinematice cuplate (fig. 7.7), acționat cu motoare electrice și reductoare cilindrice [A10].

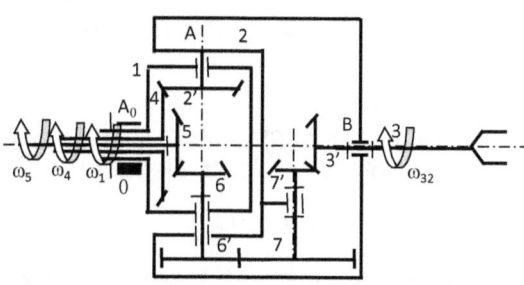

Fig. 7.7

Lanțul cinematic cu bare A_0AB (0, 1, 2, 3) este de tip R $\perp$ R $\perp$ R, la care elementele 1 și 2 sunt realizate în stilul, carcase de forme speciale.

La acest lanţ cinematic principal cu bare (fig. 7.7) se ataşează două lanţuri cinematice cu roţi dinţate conice şi cilindrice: lanţul format din angrenajul conic (4, 2') şi lanţul format din trei angrenaje în serie (5, 6), (6',7) şi (7', 3'). Angrenajele (5, 6) şi (7', 3') sunt conice ortogonale, iar angrenajul intermediar (6', 7) este cilindric exterior, pentru care elementul 2 este braţ portsatelit.

Mobilitatea mecanismului complex este M = 3, ceea ce se verifică prin calcul cu formula:

$$M = C_1 + 2 \cdot C_2 - 3 \cdot N_3 = 7 + 2 \cdot 4 - 3 \cdot 4 = 3 \qquad (7.29)$$

Valorile numerice, ale parametrilor structural-topologici specifici mecanismului analizat, sunt stabilite cu ajutorul schemei cinematice (fig. 7.7):

$$m = 1, C_1 = 7; m = 2, C_2 = 4; r = 3, n = 7, N_3 = 4 \quad (7.30)$$

Cele tei mobilităţi permit descompunerea mişcării reale a mecanismului complex în trei faze:

I) $\omega_1 \neq 0; \omega_4 = 0; \omega_5 = 0$;

În acest caz, rotirea barei 1 induce o rotaţie a barei 2 şi un flux de mişcare pe traseul 6(6') - 7(7') - 3' prin cele trei angrenaje ale celui de al treilea lanţ cinematic;

II) $\omega_1 = 0; \omega_4 \neq 0; \omega_5 = 0$;

În această fază, prin acţionarea roţii 4, elementul 2 antrenează roţile dinţate 7(7') şi 3' ale lanţului al treilea;

III) $\omega_1 = 0; \omega_4 = 0; \omega_5 \neq 0$;

De aceasta dată, mişcarea transmisă pe traseul celor trei angrenaje (5, 6), (6', 7) şi (7', 3'), toate cu axe fixe, nu activează nici unul din elementele cinematice ale celorlalte două lanţuri.

În faza III funcţia de transmitere a lanţului cu trei angrenaje se scrie pentru axe fixe:

$$i_{53'}^{III} = i_{53'}^{1,2} = i_{56}^{1} \cdot i_{6'7}^{2} \cdot i_{7'3'} = \frac{z_6 \cdot z_7 \cdot z_{3'}}{z_5 \cdot z_{6'} \cdot z_{7'}} \qquad (7.31)$$

În faza III, viteza unghiulară a barei 3 se calculează cu formula:

$$\omega_{32}^{III} = \omega_5 \cdot i_{53'}^{III} \qquad (7.32)$$

În faza II rezultă, din fluxul principal de mişcare

$$\omega_{21}^{II} = \omega_4 \cdot i_{2'4}^{1} = -\omega_4 \cdot \frac{z_4}{z_{2'}} \qquad (7.33)$$

şi din fluxul secundar

$$\omega_{32}^{II} = -\omega_{21}^{II} \cdot i_{3'6'}^{2} =$$

$$= -\omega_4 \cdot \frac{z_4}{z_{2'}} \cdot (-\frac{z_{6'}}{z_7}) \cdot (-\frac{z_{7'}}{z_{3'}}) = -\omega_4 \cdot \frac{z_4 \cdot z_{6'} \cdot z_{7'}}{z_{2'} \cdot z_7 \cdot z_{3'}} \qquad (7.34)$$

În faza I se obţine rotaţia principală $\omega_1^I = \omega_1$ şi ca rotaţii secundare se calculează:

$$\omega_{21}^I = -\omega_1 \cdot i_{2'4}^{1} = \omega_1 \cdot \frac{z_4}{z_{2'}}; \qquad (7.35)$$

$$\omega_{32}^I = -\omega_{21}^I (i_{65}^{2} + i_{3'6'}^{2}) = -\omega_1 \cdot \frac{z_4}{z_{2'}} \cdot (\frac{z_4}{z_6} + \frac{z_{6'} \cdot z_7}{z_7 \cdot z_{3'}}) \qquad (7.36)$$

7.5. MECANISME SFERICE CU B. ŞI R.D. CONICE DIN STRUCTURA MOr

Aceste mecanisme complexe au în componenţă angrenaje conice cu toate axele concurente ortogonale sau neortogonale [A10].

Prin dispunerea elementelor cinematice, mecanismele sferice complexe formează un sistem mecanic compact şi sunt folosite ca MOr la roboţii industriali moderni (fig. 7.8).

Se consideră două variante de astfel de mecanisme sferice, acestea fiind prezentate ca scheme cinematice cu angrenaje conice exterioare şi interioare.

Prima variantă este realizată cu trei angrenaje conice exterioare şi un angrenaj conic interior (fig. 7.8a), iar cea de a doua variantă are în structură trei angrenaje conice interioare (fig. 7.8b).

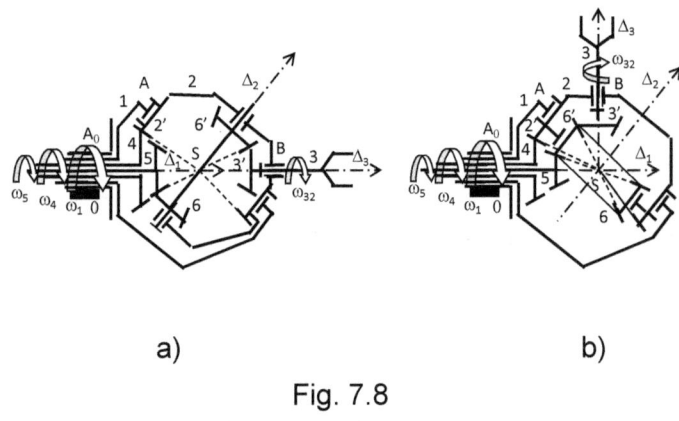

a)   b)

Fig. 7.8

Ambele variante de mecanisme au în structură un lanţ cinematic sferic cu bare (0, 1, 2, 3), ale cărui articulaţii sunt plane, având axele Δ_1, Δ_2 şi Δ_3 concurente în punctul S.

La acest lanţ sferic articulat sunt ataşate două lanţuri cinematice cu roţi dinţate conice, dintre care unul este format din angrenajul conic interior (4, 2'). Cel de al doilea lanţ cu roţi dinţate este compus, în cazul primei variante (fig. 7.8a) din două angrenaje conice exterioare (5, 6) şi (6', 3'), iar în cazul celei a doua variante (fig. 7.8b) din angrenajele interioare (5, 6) şi (6', 3').

Fiecare lanţ cinematic corespunde unei mobilităţi, deci mecanismul sferic complex are trei rotaţii independente respectiv trei viteze unghiulare ($\omega_1, \omega_4, \omega_5$) ale arborilor de intrare (fig. 7.8).

Bara 3 este elementul condus, a cărui rotaţie respectiv viteză unghiulară (ω_3) este funcţie de toate cele trei viteze unghiulare de la intrare.

Mobilitatea se verifică prin calculul acesteia cu formula:

$$M = C_1 + 2C_2 - 3N_3 = 6 + 2 \cdot 3 - 3 \cdot 3 = 3 \qquad (7.37)$$

Parametrii folosiţi în formula (7.37) se stabilesc prin studierea geometriei mecanismului pe fiecare din cele două scheme cinematice (fig. 7.8):

$$m = 1, C_1 = 6; m = 2, C_2 = 3; r = 3, n = 6, N_3 = 3 \qquad (7.38)$$

Analiza cinematică unitară a mecanismului sferic complex (cu trei mobilităţi) se face prin metoda descompunerii mişcării reale în trei faze:

I) $\omega_1 \neq 0, \omega_4 = 0, \omega_5 = 0$;

Roţile 4 şi 5 sunt blocate, iar bara 1 este acţionată şi punctul A descrie un arc de cerc într-un plan perpendicular pe axa fixă Δ_1.

Această rotaţie determină, mai întâi, mişcarea de rotaţie în jurul axei Δ_2 a roţii 2' (solidară cu bara 2) cu dantură interioară. Roata 2' este o roată satelit care se rostogoleşte peste roata centrală 4 care în această fază este fixă.

Datorită blocării roţii centrale 5, prin rotirea barei 2 în mişcare relativă faţă de 1, roţile dinţate conice 6(6') şi 3' realizează rotaţia relativă a barei 3 faţă de bara 2.

Caracteristic fazei I este existenţa a trei fluxuri de mişcare, câte unul pentru fiecare lanţ cinematic, ceea ce arată că aceste lanţuri sunt cuplate parţial.

II) $\omega_1 = 0, \omega_4 \neq 0, \omega_5 = 0$;

Bara 1 şi roata 5 sunt blocate, astfel că prin acţionarea roţii 4 mişcarea este transmisă direct roţii 2', iar de la aceasta se induce mişcarea şi prin lanţul roţilor 6(6')-3'. În această fază există două fluxuri de mişcare, pe traseele celor două lanţuri cu roţi dinţate.

III) $\omega_1 = 0, \omega_4 = 0, \omega_5 \neq 0$;

Bara 1 şi roata 4 sunt blocate, iar prin acţionarea roţii 5 mişcarea se transmite numai prin lanţul interior, existând un singur flux de mişcare.

Analiza cinematică a mecanismului sferic complex se începe cu faza III, când, urmărind traseul fluxului de mişcare al lanţului 5-6(6')-3', viteza unghiulară la arborele de ieşire are expresia:

$$\omega_{32}^{III} = \omega_{3'2} = \omega_5 \cdot i_{3'5}^{1,2} \qquad (7.39)$$

Pentru obţinerea funcţiei de transmitere din (7.39) se foloseşte criteriul 1, referitor la semnul raportului de transmitere, prin orientarea axelor Δ_1, Δ_2 şi Δ_3 (fig. 7.8):

Varianta 1 (fig. 7.8a)

$$i_{3'5}^{1,2} = i_{3'6'}^{2} \cdot i_{65}^{2} = (-\frac{z_{6'}}{z_{3'}}) \cdot (-\frac{z_5}{z_6}) = \frac{z_5 \cdot z_{6'}}{z_{3'} \cdot z_6} \qquad (7.40)$$

Varianta 2 (fig. 7.8b)

$$i_{3'5}^{1,2} = i_{3'6'}^{2} \cdot i_{65}^{2} = (\frac{z_{6'}}{z_{3'}}) \cdot (\frac{z_5}{z_6}) = \frac{z_5 \cdot z_{6'}}{z_{3'} \cdot z_6} \qquad (7.41)$$

Se observă că cele două variante ale mecanismului sferic (fig. 7.8a şi b) sunt izocinematice.

În faza II există două fluxuri de mişcare, unul mai scurt, pe traseul cinematic 4-2' şi celălalt mai lung, pe traseul 2-6(6')-3'. Pentru primul traseu, corespunzător angrenajului conic (4, 2'), se obţine viteza unghiulară

$$\omega_{21}^{II} = \omega_{2'1} = \omega_4 \cdot i_{2'4}^{1} \qquad (7.42)$$

Pentru al doilea traseu se foloseşte criteriul 2, observând că roata 6 se rostogoleşte peste roata 5 imobilă (blocată):

$$\omega_{32}^{II} = \omega_{3'2}^{1} = -\omega_4 \cdot i_{3'5}^{1,2} \qquad (7.43)$$

Funcţia de transmitere din formula (7.42) se stabileşte cu ajutorul criteriului 1:

$$i_{2'4}^{1} = \frac{z_4}{z_{2'}} \qquad (7.44)$$

Funcţia de transmitere $i_{3'5}^{1,2}$ din (7.43) are una din expresiile (7.40) sau (7.41), care au fost calculate în faza III.

Faza I cuprinde trei fluxuri de mişcare dirijate pe traseele:

1; 1-2'(2); 1-2'(2)-6(6')-3'(3).

Pentru vitezele unghiulare se obţin următoarele expresii:

$$\omega_1^{I} = \omega_1 \qquad (7.45)$$

$$\omega_{21}^{I} = \omega_{2'1}^{4} = -\omega_1 \cdot i_{2'4}^{1} \qquad (7.46)$$

$$\omega_{32}^{I} = \omega_{3'2}^{4,5} = -\omega_1 \cdot i_{2'4}^{1} \cdot i_{3'5}^{2} \qquad (7.47)$$

Mişcarea reală a mecanismului sferic cu trei mobilităţi se obţine prin suprapunerea celor trei faze respectiv prin însumarea vitezelor unghiulare obţinute în fiecare etapă:

$$\omega_{10} = \omega_1^{I} = \omega_1 \qquad (7.48)$$

$$\omega_{21} = \omega_{21}^{I} + \omega_{21}^{II} = -(\omega_1 - \omega_4) \cdot i_{2'4}^{1} \qquad (7.49)$$

$$\omega_{32} = \omega_{32}^{I} + \omega_{32}^{II} + \omega_{32}^{III} =$$
$$= -\omega_1 \cdot i_{2'4}^1 \cdot i_{3'5}^2 - \omega_4 \cdot i_{3'5}^2 + \omega_5 \cdot i_{3'5}^2 \qquad (7.50)$$

Pentru cazul particular $i_{2;3}^1 = 1$, $i_{3'5}^2 = 1$ formulele (7.49) şi (7.50) se scriu:

$$\omega_{21} = -\omega_1 + \omega_4 \text{ respectiv } \omega_{32} = -\omega_1 - \omega_4 + \omega_5 \qquad (7.51)$$

7.6. MECANISME CU B. ŞI R.D. CONICE DIN STRUCTURA Mor TIP VERTEBROID

Se consideră schema cinematică a unui mecanism spaţial tip vertebroid cu o structură geometrică parţial simetrică (fig. 7.9), prevăzut cu trei arbori de intrare şi un arbore de ieşire.

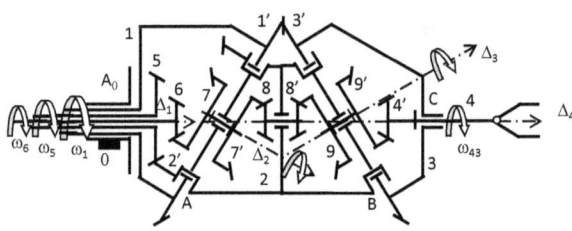

Fig. 7.9

Prima etapă în procesul de sinteză a acestui mecanism complex constă în alegerea unui lanţ cinematic simetric cu bare articulate (0, 1, 2, 3, 4), cu o axă fixă Δ_1 şi trei axe mobile Δ_2, Δ_3 şi Δ_4.

Acest prim lanţ cinematic spaţial deschis are patru mobilităţi, care corespund celor patru bare mobile şi reprezintă rotaţiile faţă de cele patru axe din articulaţii.

Dacă se leagă barele 1 şi 3 printr-un angrenaj conic (1', 3'), lanţul cinematic principal rămâne cu trei mobilităţi.

La acest lanţ cinematic cu bare articulate se ataşează două lanţuri cu roţi dinţate conice cu structuri simetrice (fig. 7.9).

Primul lanţ ataşat este format dintr-un angrenaj conic (5, 2') şi face legătura celui de al doilea arbore conducător cu bara 2, iar al doilea lanţ ataşat este montat în interiorul lanţului tubular cu bare. Acest lanţ este format din patru angrenaje conice care leagă axele extreme Δ_1 şi Δ_4 prin intermediul axelor Δ_2 şi Δ_3. Aceste angrenaje conice sunt simetrice două câte două faţă de un plan transversal dus prin generatoarea comună a roţilor 1' şi 3'.

Mobilitatea mecanismului complex se verifică prin calcul cu formula:

$$M = C_1 + 2C_2 - 3N_3 = 9 + 2 \cdot 6 - 3 \cdot 6 = 3 \qquad (7.52)$$

Valorile numerice ale parametrilor din formula (7.52) se obţin din analiza structural-topologică a schemei cinematice (fig. 7.9):

$$m = 1, C_1 = 9; m = 2, C_2 = 6; r = 3, n = 9, N_3 = 6 \qquad (7.53)$$

Analiza cinematică se face prin metoda unitară a descompunerii mişcării reale a mecanismului trimobil în trei faze (fig. 7.9):

I) $\omega_1 \neq 0, \omega_5 = 0, \omega_6 = 0;$

Mişcarea este introdusă în mecanism numai prin arborele barei 1, acesta antrenează în mişcare roata satelit 2' (solidară cu bara 2) în raport cu roata conică centrală 5 (care în această fază este blocată).

Concomitent este activat parţial şi lanţul de angrenaje central (interior) în raport cu roata 6 care este imobilizată (blocată). Acest al treilea flux de mişcare cuprinde angrenajele conice neortogonale (6, 7), (7', 8), (8', 9) şi (9', 4').

II) $\omega_1 = 0, \omega_5 \neq 0, \omega_6 = 0$;

Mişcarea este introdusă în mecanism numai prin roata 5, ceea ce implică rotaţia roţii 2' şi prin angrenajul conic (1', 3') mişcarea este transmisă barei 3. Roţile 2' şi 3' antrenează parţial lanţul cinematic de patru angrenaje conice, formând al doilea flux de mişcare.

III) $\omega_1 = 0, \omega_5 = 0, \omega_6 \neq 0$;

Prin roata conică 6 este activat numai lanţul cinematic din interior format din angrenajele conice (6, 7), (7', 8), (8', 9) şi (9', 4').

Analiza cinematică efectivă porneşte cu faza III, în care lanţul cinematic se comportă ca un tren de angrenaje cu axe fixe (fig. 7.10).

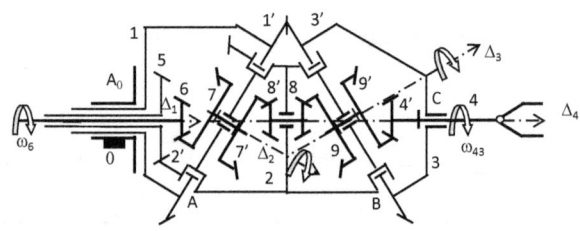

Fig. 7.10

Viteza unghiulară a barei 4 (de la capătul lanţului) se calculează cu formula:

$$\omega_{43}^{III} = \omega_6 \cdot i_{4'6}^{1,2,3} \tag{7.54}$$

Funcţia de transmitere caracteristică acestei faze este calculată în conformitate cu criteriul 1:

$$i_{4'6}^{1,2,3} = i_{4'9'}^3 \cdot i_{98'}^2 \cdot i_{87'}^2 \cdot i_{76}^1 = (\frac{z_{9'}}{z_{4'}}) \cdot (\frac{z_{8'}}{z_9}) \cdot$$

$$\cdot (-\frac{z_{7'}}{z_8}) \cdot (-\frac{z_6}{z_7}) = \frac{z_6 \cdot z_{7'} \cdot z_{8'} \cdot z_{9'}}{z_{4'} \cdot z_7 \cdot z_8 \cdot z_9}$$

(7.55)

Faza II implică transmiterea mişcării de la roata 5 la bara 4 prin două lanţuri cu angrenaje conice (fig. 7.11).

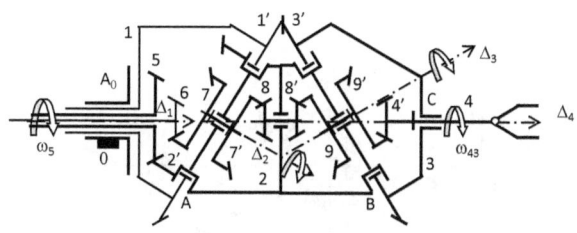

Fig. 7.11

Primul flux de mişcare este realizat pe traseul 5 - 2'(2) - 3'(3), iar al doilea flux de mişcare urmăreşte traseul 7(7') - 8(8') – 9(9') – 4'(4).

Urmărind primul flux de mişcare (fig. 7.11) rezultă:

$$\omega_{21}^{II} = \omega_5 \cdot i_{2'5}^1 = \omega_5 \cdot \frac{z_5}{z_{2'}}$$

(7.56)

$$\omega_{32}^{II} = -\omega_{21}^{II} \cdot i_{3'1'}^1 = -\omega_5 \cdot \frac{z_{1'} \cdot z_5}{z_{2'} \cdot z_{3'}}$$

(7.57)

Din cel de al doilea flux de mişcare se obţine:

$$\omega_{43}^{II} = -\omega_{21}^{II} \cdot i_{4'7'}^{2,3}$$

(7.58)

189

Funcţia de transmitere din formula (7.58) se scrie explicit:

$$i_{4'7'}^{2,3} = i_{4'9'}^3 \cdot i_{98'}^2 \cdot i_{87'}^2 = (\frac{z_{9'}}{z_{4'}}) \cdot (\frac{z_{8'}}{z_9}) \cdot$$

$$\cdot (-\frac{z_{7'}}{z_8}) = -\frac{z_{7'} \cdot z_{8'} \cdot z_{9'}}{z_{4'} \cdot z_8 \cdot z_9} \qquad (7.59)$$

Faza I implică trei fluxuri de mişcare pe următoarele trasee cinematice (fig. 7.12):

1(1'); 2'(2) – 3'(3); 7(7') – 8(8') – 9(9') – 4'(4).

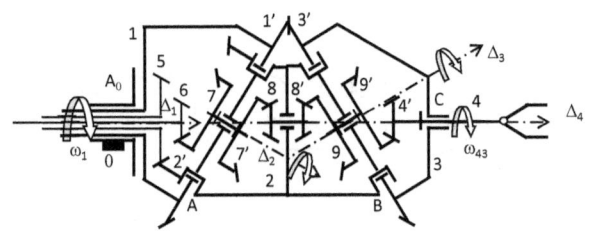

Fig. 7.12

Pentru traseul 1(1') se deduce:

$$\omega_1^I = \omega_1 \qquad (7.60)$$

Al doilea traseu conduce la expresiile:

$$\omega_{21}^I = -\omega_1 \cdot i_{2'5}^1 \qquad (7.61)$$

$$\omega_{32}^I = \omega_{21}^I \cdot i_{3'1'}^2 \qquad (7.62)$$

Urmărind traseul al treilea se obţine viteza unghiulară la elementul final:

$$\omega_{43}^I = -\omega_1 \cdot i_{4'6}^I \qquad (7.63)$$

unde funcţia de transmitere $i^I_{4'6}$ se calculează cu formula (7.55).

Prin suprapunerea celor trei faze rezultă mişcarea reală a elementului final:

$$\omega_{43} = \omega^I_{43} + \omega^{II}_{43} + \omega^{III}_{43} \qquad (7.64)$$

Luând în consideraţie expresiile componentelor vitezelor unghiulare (7.54), (7.58) şi (7.63) relaţia (7.64) se scrie explicit în funcţie de vitezele unghiulare ale arborilor conducători:

$$\omega_{43} = -\omega_1 \cdot i^I_{4'6} - \omega_5 \cdot i^1_{2'5} \cdot i^{2,3}_{4'7'} + \omega_6 \cdot i^{1,2,3}_{4'6} \qquad (7.65)$$

BIBLIOGRAFIE

1.-A1. ALDEA, S., *Contribuţii la grafica computerizată a mecanismelor.* Teză de doctorat, U.P.B., Bucureşti, 1998.

2.-A2. ALEXANDRU, P., ş.a., *Proiectarea funcţională a mecanismelor.* Ed. Lux Libris Braşov, 2000.

3.-A3. ALEXANDRU, P., VISA, I., BOBÂNCU, S., *Mecanisme. Vol. II, Sinteza.* Lito U. din Braşov, 1984.

4.-A4. ANTONESCU, O., *Transmisii variabile utilizate la autovehicule rutiere.* Ed. Publiferom, Bucureşti, 2001.

5.-A5. ANTONESCU, P., *Mecanisme - Calculul structural şi cinematic.* I.P.B., Bucureşti, 1979.

6.-A6. ANTONESCU, P., PETRESCU, R., ADÎR, G., ANTONESCU, O. *Mecanisme cu roţi dinţate.* Editura PRINTECH, 1999.

7.-A7. ANTONESCU, P. *Sinteza mecanismelor.* I.P.B.,Bucuresti, 1983.

8.-A8. ANTONESCU, O., PETRESCU, R., ANTONESCU, P. *Contributions to Modeling and Simulation of Kinematics Geometry of Planar Linkages.* The 8-th Symposium on MTM, Timişoara, 2000, Vol. I, p. 45-50.

9.-A9. ANTONESCU, P., TEMPEA, I. *Sinteza mecanismelor de acţionare a ştergătoarelor de parbriz utilizate la autoturisme.* Simpozion MERO'87, Bucuresti, 1987, Vol. 4, p. 20-28.

10.-A10. ANTONESCU, P. *Sinteza manipulatoarelor.* Lito UPB, Bucureşti, 1993.

11.-A11. ANTONESCU, P. *Mecanisme.* Ed. Printech, Bucureşti, 2003.

12.-A12. ANTONESCU, P., MITRACHE, M., *Contribuţii la sinteza mecanismelor utilizate ca ştergătoare de parbriz.* SYROM'89, Bucureşti, 1989, Vol. IV, p. 23-32.

13.-A13. ANTONESCU, P., ANTONESCU, E., *Sinteza mecanismelor planetare cilindrice pentru realizarea translaţiei circulare.* SYROM'81, Bucureşti, 1981, Vol. III, p. 9-14.

14.-A14. ANTONESCU, P., BUGARU, M., *Calculul geometro-cinematic al mecanismului pentalater bimobil cu manivelă şi culisă oscilantă.* SYROM'89, Bucureşti, 1989, Vol. I.1, p. 627-636.

15.-A15. ARTOBOLEVSKI, I., *Teoria mehanizov,* Izd. Nauka, Moskva, 1965.

16.-A16. ATANASIU, M., *Mecanica*. Ed. Did. Ped., Bucureşti, 1973.

17.-A17. AUTORENKOLLEKTIV (J. VOLMER Coordonator), *Getriebetechnik-VEB, Verlag technik*, pp. 345-390, Berlin, 1968.

18.-B1. BOGDAN, R., LARIONESCU, D., CONONOVICI, S., *Sinteza mecanismelor plane articulate*. Editura Academiei R.S.R., Bucuresti, 1977.

19.-B2. BOTEZ, E., *Angrenaje*. Editura Tehnică, Bucureşti, 1962.

20.-B3. BRAUNE, R., *Bewegungs – Design – Eine Kemkompetenz des Getriebetechnikers*. VDI – Berichte Nr. 1567, Dusseldorf: VDI – Verlag, 2000. S. 1-23.

21.-B4. BUDA, L., MATEUCĂ, C., *Analiza funcţională, cinematică şi cinetostatică a mecanismului de ridicat ferestrele de la vagoanele de călători etajate*. SYROM'89, Bucureşti, 1989, Vol. IV, p. 59-66.

22.-B5. BUDA, L., GRECU, B., MARTINEAC, A., Mecanisme, elemente teoretice şi experimentale. Editura BREN, Bucureşti, 1999.

23.-B6. BUDA, L., GRECU, B., Mecanisme, ghid de proiectare. Editura BREN, Bucureşti, 2001.

24.-B7. BRUJA, ADR., DIMA, M., *Sinteza cinematicii reductoarelor armonice cu element frontal rigid*. Al 6-lea Simp. Naţ. de Utilaje de Construcţii, 2001, Vol. I, p. 53-59.

25.-B8. BRUJA, ADR., ş.a., *Robot purtător de echipamente pentru finisări în construcţii RPC-10*. Al 6-lea Simp. Naţ. de Utilaje de Construcţii, 2001, Vol. II, p. 52-58.

26.-B9. BUGAEVSKI, E., *Contributii la studiul cinematic şi dinamic al mecanismelor cu trenuri diferenţiale*. Teză de doctorat, I.P.B., 1971.

27.-B10. BOGDAN, R., LARIONESCU, D., *Analiza armonică complexă şi mecano-electrică a mecanismelor plane*. Editura Academiei R.S.R., Bucureşti, 1968.

28.-B11. BALAN, ST., *Probleme de mecanică*. Editura didactică şi pedagogică, Bucureşti, 1977.

29.-B12. BACKLUND, O., s.a., Volvo's MEP and PCP Engines: *Combining Environmental Benefit with High Performance*. In Fifth Autotechnologies Conference Proceedings, SAE, (910010), pp. 238.

30.-B13. BUJOR, I., ş.a., *Exerciţii şi probleme de geometrie analitică şi diferenţială*. Vol. I şi II, Editura Didactică şi Pedagogică, Bucureşti, 1963.

31.-B14. BOBOLYUBOV, S. K., VOINOV, A., *Engineering Drawing*. Mir Publishers, Moscow, 1987.

32.-B15. BEIZELMAN, R. D., ş.a., *Podşipniki kacenia*. Spravocinik, Iz. Maşinostroenie, Moskva, 1975.

33.-C1. COMĂNESCU, A., ş.a., *Mecanica, rezistenţa materialelor şi organe de maşini*. Editura Didactică şi Pedagogică, Bucureşti, 1982.

34.-C2. CRUDU, I., ş.a., *ATLAS Reductoare cu roţi dinţate*. Editura Didactică şi Pedagogică, Bucureşti, 1982.

35.-C3. CREŢU, S., ş.a., *Angrenaje. Îndrumar de proiectare*. Lito I.P. Iaşi, 1979.

36.-D1. DEMIAN, T., s.a., *Mecanisme de mecanică fină*. Editura Didactică şi Pedagogică, Bucureşti, 1982.

37.-D2. DIACONESCU, D., ş.a., *Particularităţi cinematice şi statice ale unui robotomecanism vertebroid de orientare cu angrenaje cilindrice*. Vol. Robot'88 Cluj-Napoca, 1988, p. 147-162.

38.-D3. DODESCU, GH., *Metode numerice în algebră*. Editura tehnică, Bucureşti, 1979.

39.-D4. DRANGA, M., *Contribuţii la analiza dinamică a mecanismelor cu unul şi cu mai multe grade de mobilitate*. Teză de doctorat. I.P.B., Bucureşti, 1975.

40.-D5. DRANGA, M., *Mecanisme şi organe de maşini*, partea I. Transmisii mecanice. I.P.B., Bucureşti, 1983.

41.-D6. DUDIŢĂ, FL., *Teoria mecanismelor*. Universitatea Braşov, 1979.

42.-D7. DUDIŢĂ, FL., ş.a., *Mecanisme articulate, inventica, cinematica*. Ed. Tehnică, Bucureşti, 1989.

43.-F1. FRĂŢILĂ, Gh., SOTIR, D., PETRESCU, F., PETRESCU, V., s.a. *Cercetări privind transmisibilitatea vibraţiilor motorului la cadrul şi caroseria automobilului*. CONAT-matma, Braşov, 1982, Vol. I, p. 379-388.

44.-F2. FRĂŢILĂ, Gh., MARINCAŞ, D., BEJAN, N., FRĂŢILĂ, M., PETRESCU, F., PETRESCU, R., RĂDULESCU, I. *Contributions a l'amelioration de la suspension du groupe moteur-transmission*. În buletinul Universităţii din Braşov, Seria A, Mecanică aplicată, Vol. XXVIII, 1986, p. 117-123.

45.-F3. FRĂŢILĂ, Gh., *Calculul şi construcţia automobilelor*. Editura Didactică şi Pedagogică, Bucureşti, 1980.

46.-G1. GRUNWALD, B., *Teoria, calculul şi construcţia motoarelor pentru autovehicule rutiere.* Editura didactică şi pedagogică, Bucureşti, 1980.

47.-G2. GRUMĂZESCU, M., ş.a., *Combaterea zgomotului şi vibraţiilor.* E.T., Bucureşti, 1964.

48.-G3. GAFIŢEANU, M., ş.a., *Organe de maşini.* Vol. II, Editura Tehnică, Bucureşti, 1983.

49.-G4. GRECU, B., BUDA, L., *Mecanisme, caiet de proiectare.* Editura Printech, Bucureşti, 2000.

50.-H1. HANDRA-LUCA, V., *Organe de maşini şi mecanisme.* Editura Did. şi pedagogică, Bucureşti, 1975.

51.-H2. HANDRA-LUCA, V.,STOICA, A., *Introducere în teoria mecanismelor.* Vol. II., Editura Dacia, Cluj-Napoca, 1983.

52.-H3. HARRIS, M.C., CREDE, E.C., *Şocuri şi vibraţii.* Vol. I-III., E.T., Bucureşti, 1968-69.

53.-H4. HOROVITZ, B., *Reductoare şi variatoare de turaţie.* Editura Tehnică, Bucureşti, 1963.

54.-H5. HOLTE, J. E., *Mised Exact – approxiate position synthesis of planar mechanisms.* In: Transactions of the ASME, Journal of Mechanical Design 122 (2000), p. 278-286.

55.-I1. IACOB, C., *Mecanica teoretică.* E.D.P., Bucureşti, 1971.

56.-I2. IUDIN, E., s.a., *Issledovanie suma ventileatornîh ustanovok I metodov borbî s nim.* Oborongiz, Moskva, 1958.

57.-J1. JALIU, C., NEAGOE, M., *Cinematica directă şi inversă a unui robotomecanism vertebroid cu roţi dinţate.* Robotica'98, Braşov, 1998, p. 61-64.

58.-J2. JIANG QI , XU ZENG-YIN, *Compounding of mechanism and analysis and synthesis of complex mechanisms.* In al IV-lea SYROM'85, Vol. III-1., Bucureşti, iulie 1985.

59.-J3. JASSEN, B., *Kraftschlub bei Kurventrieben.* Ind. Anz., 1966, 88, Part. I: 1906-1907; part. II: 2193-2196.

60.-K1. KERLE, H., *Dubbel – Taschenbuch fur den Maschinenbau.* 20. Aufl. Berlin/ Heidelberg/ New York: Springer, 2001. S. G161-G172.

61.-K2. KOJEVNIKOV, S.N., *Teoria mehanizmov i maşin.* Izd. Maşinostroenie, Moskva, 1969.

62.-K3. KOVACS, Fr., PERJU, D., CRUDU, M., *Mecanisme.* Partea I-a. Analiza mecanismelor. I.P."Traian Vuia" din Timisoara, 1978.

63.-K4. KOVACS, Fr., PERJU, D., *Mecanisme*. I.P. "Traian Vuia" din Timişoara, 1977.

64.-K5. KOVACS, Fr., Allgemeines zahnprofil: geometriscges model und verzahnungstechnologie – prinzipien. În the 8-th Symposium on Mechanisms, Timişoara, 2000, Vol. I, p. 135-140.

65.-K6. KOVACS, Fr., ş.a., *Sinteza mecanismelor, curs.* Vol. I şi II, I.P. Timişoara, 1992.

66.-L1. LICHTENHELDT, W., *Konstruktionslehre der Getriebe.* Akademie – Verlag Berlin, 1970.

67.-L2. LEDERER, P., *Dynamische synthese der ubertragungs-funktion eines Kurvengetriebes.* In, Mech. Mach. Theory ,Vol. 28., Nr.1., pp. 23-29, Printed in Great Britain, 1993.

68.-L3. LUPKIN, P., ş.a., *Automobile Chassis. Design and Calculations.* MIR Publishers, Moscow, 1989.

69.-L4. LUCK, K., MODLER, K. H., *Getriebetechnik – Analyse, Synthese, Optimierung.* 2. Aufl. Berlin/ Heidelberg/ New York: Springer, 1995.

70.-L5. LIN, S., *Getriebesynthese nach unscharfen Lagenvorgaben durch Positionierung eines vorbestimmten Getriebes.* In: Fortschritt – Berichte VDI, Reihe 1. Nr. 313, Dusseldorf: VDI – Verlage, 1999.

71.-L6. LOVISCACH, J., *Die elektronische Uni – Neue Medien in der Lehre.* In: c't (2001) 4. S. 108-115.

72.-M1. MANOLESCU, N.I., KOVACS, FR., ORANESCU, A., *Teoria mecanismelor şi a maşinilor.* Editura didactică şi pedagogică, Bucureşti, 1972.

73.-M2. MANOLESCU, N.I., MAROS, D., *Teoria mecanismelor şi a maşinilor.* Editura tehnică, Bucureşti, 1958.

74.-M3. MANOLESCU, N.I., ş.a., *Probleme de teoria mecanismelor şi a masinilor.* Vol. II., E.D.P., Bucureşti, 1968.

75.-M4. MAROŞ, D., *Mecanisme.* Vol. I., I.P. Cluj-Napoca, 1980.

76.-M5. MERTICARU, V., *Mecanisme şi organe de maşini.* I.P.Iaşi, 1979.

77.-M6. MANGERON, D., IRIMICIUC N., *Mecanica rigidelor cu aplicaţii în inginerie.* Vol. I,II si III. Editura tehnică, Bucureşti, 1981.

78.-M7. MARUSTER, ST., *Metode numerice în rezolvarea ecuaţiilor neliniare.* Ed. Tehn., Bucureşti, 1981.

79.-M8. MANEA, GH., *Organe de maşini.* Editura Tehnică, Bucureşti, 1970.

80.-M9. MURGULESCU, E., ş.a., *Geometrie analitică în spaţiu şi geometrie diferenţială, culegere de probleme*. Editura Didactică şi Pedagogică, Bucureşti, 1973.

81.-M10. MIHĂILEANU, N.N., *Curs de geometrie analitică şi diferenţială*. Editura Didactică şi Pedagogică, Bucureşti, 1971.

82.-M11. MODLER, K.H., *Reakisierung von pilgerschritten durch zweiraderkoppel-getriebe*. Dynamik und Getribetechnik, Vol. A, Dresda 1979, p. VIII/1-VI/12.

83.-M12. MARGINE, AL., *Contribuţii la sinteza geometro-cinematică şi dinamică a mecanismelor planetare cu roţi dinţate cilindrice*. Teză de doctorat, U.P.B., 1999.

84.-M13. MODLER, K.H., WADEWITZ, C., *Synthese von Raderkoppelgetriebe als Vorschaltgetriebe mit definierter Ungleichformigkeit*.Wissenschaftliche Zeitschrift, TU-Dresden Nr. 3, 2001, p.101-106.

85.-M14. MILOIU, Gh., ş.a., *Transmisii mecanice moderne*. Editura Tehnică, Bucureşti, 1980.

86.-M15. MAROŞ, D., *Calcule numerice la mecanismele plane*. Editura Dacia, Cluj-Napoca, 1987.

87.-M16. MAROŞ, D., *Cinematica roţilor dinţate*. Editura Tehnică, Bucureşti, 1958.

88.-M17. MARINCAŞ, D., SOTIR, D., PETRESCU, F., PETRESCU, V., s.a. *Rezultate experimentale privind îmbunătăţirea izolaţiei fonice a cabinei autoutilitarei TV-14*. În a IV-a Conferinţă de Motoare, Automobile, Tractoare şi Maşini Agricole, CONAT-matma, Braşov, 1982, Vol. I, p. 389-398.

89.-M18. MARIN, G., PETRESCU, R., PETRESCU, F. *Consideraţii privind utilizarea graficii asistate în desenul de specialitate*. În al VI-lea Simpozion de Geometrie Descriptivă şi Grafică Inginerească Computerizată, Bucureşti, 1998, Vol. III, p. 673-676.

90.-M19. MODLER, K. H., WADEWITZ, C., TREPTE, U., *Rechnergestutzte Synthese von Raderkoppelgetrieben als Vorschaltgetriebe zur Erzeugung nichtlinearer Antriebsbewegungen*. Bericht zum DFG – Vorhaben Mo 537/5 – 1. TU Dresden, 1998.

91.-N1. NEUMANN, R., *Einstellbare Raderkoppelgetriebe*. Dynamik und Getribe-technik, Vol. A, Dresda 1979, p. VI/1-VI/14.

92.-N2. NEUMANN, R., *Dreiraderkoppel – schrittgetriebe mit zahnradern oder zahnriemen*. SYROM'2001, Bucureşti, Vol. III, p. 321-324.

93.-N3. NIEMEYER, J., *Das IGM – Getriebelexikon – Wissensverarbeitung in der Getriebetechnik mit Hilfe der Internet –*

Technologie. In: Dittrich, G. (Hrsg.): IMG – Kolloquium Getriebetechnik 2000, Forschung & Lehre 1972-2000. Aachen: Mainz, 2000. S. 53-66.

94.-N4. NIŢU, I., BOGDAN, R.C., *Analiza cinematică a mecanismelor diferenţiale de orientare pe baza reducerii la un mecanism diferenţial de referinţă.* SYROM'97, Bucureşti, Vol. 2, p. 253-258.

95.-N5. NIŢU, I., *Contribuţii la cinematica roboţilor industriali cu module cinematice diferenţiale de orientare.* Teză de doctorat, UPB, Bucureşti, 1998.

96.-N6. NEGREA, C., PAVELESCU, T., *Ambreiajul şi cutia de viteze.* Ed. Tehnică, Bucureşti, 1980.

97.-O1. OCNĂRESCU, C., *Cercetări teoretice şi experimentale în domeniul roboţilor poliarticulaţi cu bare şi roţi dinţate.* Teză de doctorat, UPB, Bucureşti, 1996.

98.-O2. OCNĂRESCU, C., *Mecanisme şi manipulatoare.* Editura BREN, Bucureşti, 2001.

99.-O3. OCNĂRESCU, C., *Teoria mecanismelor.* Editura BREN, Bucureşti, 2002.

100.-O4. OPRIŞAN, C., *Analytic models in the synthesis of the adjustable in steps mechanisms.* In the 8-th Symposium on Mechanisms, Timişoara, 2000, Vol. I, p. 223-228.

101.-P1. PELECUDI, CHR., DRANGA, M., *Dinamica maşinilor.* I.P.B., Bucureşti, 1980.

102.-P2. PELECUDI, CHR., *Bazele analizei mecanismelor.* Editura Academiei R.S.R., Bucureşti, 1967.

103.-P3. PELECUDI, CHR., *Precizia mecanismelor.* Editura Academiei R.S.R., Bucureşti, 1975.

104.-P4. PELECUDI, CHR., MAROS, D., MERTICARU, V., PANDREA, N., SIMIONESCU, I., *Mecanisme.* E.D.P., Bucureşti, 1985.

105.-P5. PELECUDI, CHR., ş.a., *Proiectarea mecanismelor.* I.P.B., Bucureşti, 1981.

106.-P6. PELECUDI, CHR., s.a., *Probleme de mecanisme.* Editura didactică şi pedagogică, Bucuresti, 1982.

107.-P7. PELECUDI, CHR., s.a., *Algoritmi şi programe pentru analiza mecanismelor.* Editura tehnică, Bucureşti, 1982.

108.-P8. PELECUDI, CHR., SIMIONESCU, I., ENE, M., CANDREA, A., STOENESCU, M., MOISE, V., *Mecanisme cu cuple superioare: came şi roţi.* I.P.B., Bucureşti, 1982.

109.-P9. POPESCU, I., *Proiectarea mecanismelor plane*. Editura Scrisul Românesc din Craiova, 1977.

110.-P10. PETRESCU, R., V., STĂNESCU, M. *Secţiunea propriuzisă - reprezentare cu aplicare împreună cu rupturi, filete, notarea toleranţelor dimensionale, abaterilor de formă, abaterilor de poziţie, rugozitate*. In al 3-lea Seminar National de Geometrie Descriptivă şi Desen, Cluj-Napoca, 1992, Vol. II, p. 257-259.

111.-P11. PETRESCU, R., V., STĂNESCU, M. *Particularităţi ale construcţiei unor cercuri care conţin un punct din spaţiu şi sunt tangente planelor bisectoare*. In al 3-lea Seminar Naţional de Geometrie Descriptivă şi Desen, Cluj-Napoca, 1992, Vol. II, p. 261-264.

112.-P12. PETRESCU, R., V., STĂNESCU, M. *Sintetizarea noţiunilor de punct, dreaptă, plan, prin probleme de construcţii de figuri plane, fără a folosi metodele geometriei descriptive.*. In al 3-lea Seminar Naţional de Geometrie Descriptivă şi Desen, Cluj-Napoca, 1992, Vol. II, p. 265-268.

113.-P13. PETRESCU, F., PETRESCU, R. *Contribuţii la optimizarea legilor polynomiale, de mişcare a tachetului de la mecanisme de distribuţie ale motoarelor cu ardere internă*. În a V-a Conferinţă "Economicitatea, Securitatea şi Fiabilitatea Autovehiculelor", ESFA'95, Bucureşti, 1995, Vol. I, p. 249-256.

114.-P14. PETRESCU, F., PETRESCU, R. *Contribuţii la sinteza mecanismelor de distribuţie ale motoarelor cu ardere internă*. În a V-a Conferinţă "Economicitatea, Securitatea şi Fiabilitatea Autovehiculelor", ESFA'95, Bucureşti, 1995, Vol. I, p. 257-264.

115.-P15. PETRESCU, R., ZGURA, A., ANTONESCU, P. *Modelarea cinematică a curbelor de intersecţie a corpurilor cilindro-conice în proiecţie ortogonală*. În al VII-lea Siopozion Naţional de Mecanisme şi Transmisii Mecanice, Reşiţa, 1996, p. 147-152.

116.-P16. PETRESCU, F., PETRESCU, R. *Dinamica mecanismelor cu came (exemplificată pe mecanismul clasic de distribuţie)*. In The Seventh IFToMM International Symposium on Linkages and Computer Aided Design Methods - Theory and Practice of Mechanisms, SYROM'97, Bucharest, 1997, Vol. 3, p. 353-358.

117.-P17. PETRESCU, F., PETRESCU, R., ANTONESCU, O. *Contribuţii la sinteza mecanismelor de distribuţie ale motoarelor cu ardere internă cu metoda coordonatelor carteziene*. In The Seventh IFToMM International Symposium on Linkages and Computer Aided Design Methods - Theory and Practice of Mechanisms, SYROM'97, Bucharest, 1997, Vol. 3, p. 359-364.

118.-P18. PETRESCU, F., PETRESCU, R., ANTONESCU, O. *Contribuţii la maximizarea legilor polinomiale pentru cursa activă a mecanismului de distribuţie de la motoarele cu ardere internă*. In The

Seventh IFToMM International Symposium on Linkages and Computer Aided Design Methods - Theory and Practice of Mechanisms, SYROM'97, Bucharest, 1997, Vol. 3, p. 365-370.

119.-P19. PETRESCU, L., MARIN, G., PETRESCU, R. *Elemente de grafică computerizată (Notiţe de curs şi aplicaţii).* Editura BREN, Bucureşti, 1998.

120.-P20. PETRESCU, F., PETRESCU, R. *Designul (sinteza) mecanismelor cu came prin metoda coordonatelor polare (metoda triunghiurilor).* In The VII-th Edition of the National Conference With International Participation, GRAFICA-2000, Craiova, Romania, 2000, p. 291-296.

121.-P21. PETRESCU, F., PETRESCU, V. *Sinteza mecanismelor de distribuţie prin metoda coordonatelor rectangulare (carteziene).* In The VII-th Edition of the National Conference With International Participation, GRAFICA-2000, Craiova, Romania, 2000, p. 297-302.

122.-P22. PETRESCU, R., PETRESCU, F., MAGHIARI, E., CRISTIAN, I. *Evoluţia predării cursului de geometrie descriptivă la nivel superior în ultimii 200 ani.* În The VII-th Edition of the National Conference With International Participation, GRAFICA-2000, Craiova, Romania, 2000, p. 315-320.

123.-P23. PETRESCU, F., PETRESCU, R. *Legi de mişcare pentru mecanismele cu came.* În al VII-lea Simpozion Naţional cu Participare Internaţională Proiectarea Asistată de Calculator, PRASIC'02, Braşov, 2002, Vol. I, p. 321-326.

124.-P24. PETRESCU, F., PETRESCU, R. *Elemente de dinamica mecanismelor cu came.* În al VII-lea Simpozion Naţional cu Participare Internaţională Proiectarea Asistată de Calculator, PRASIC'02, Braşov, 2002, Vol. I, p. 327-332.

125.-P25. PETRESCU, V., PETRESCU, I., ANTONESCU, O. *Randamentul cuplei superioare de la angrenajele cu roţi dinţate cu axe fixe.* În al VII-lea Simpozion Naţional cu Participare Internaţională Proiectarea Asistată de Calculator, PRASIC'02, Braşov, 2002, Vol. I, p. 333-338.

126.-P26. PETRESCU, I., PETRESCU, V., OCNARESCU, C. *The Cam Synthesis With Maximal Efficiency.* În al VII-lea Simpozion Naţional cu Participare Internaţională Proiectarea Asistată de Calculator, PRASIC'02, Braşov, 2002, Vol. I, p. 339-344.

127.-P27. PETRESCU, F., PETRESCU, R. *Câteva elemente privind îmbunătăţirea designului mecanismului motor.* În al VIII-lea Simpozion Naţional, de Geometrie Descriptivă, Grafică Tehnică şi Design, GTD 2003, Braşov, iunie 2003, Vol. I, p. 353-358.

128.-P28. PETRESCU, R., PETRESCU, F. *The gear synthesis with the best efficiency.* In the 7th International Conference, FUEL ECONOMY, SAFETY and RELIABILITY of MOTOR VEHICLES, ESFA 2003, Bucharest, May 2003, Vol. 2, p. 63-70.

129.-P29. PAIZI, Gh., ş.a., *Organe de maşini şi mecanisme.* Editura Didactică şi Pedagogică, Bucureşti, 1977.

130.-P30. PAVELESCU, D., ş.a., *Tribologie.* Editura Didactică şi Pedagogică, Bucureşti, 1977.

131.-P31. PELECUDI, Ch., ş.a., *Echilibrarea robotului cu bare şi roţi dinţate.* În SNRI X, Bucureşti, 1991.

132.-P32. POPESCU, I., ş.a., *La synthese geometrique exacte d'un mecanisme qui trace une courbe a point triple.* In the 8-th Symposium on Mechanisms, Timişoara, 2000, Vol. I, p. 255-260.

133.-R1. RADOI M., DECIU E., *Mecanica.* E.D.P., Bucureşti, 1973.

134.-R2. RADOI M., DECIU E., *Mecanica.* E.D.P., Bucureşti, 1977.

135.-R3. REHWALD, W., LUCK, K., Kosim – *Koppelgetriebesimulation.* In: Fortschritt Berichte VDI, Reihe 1, Nr. 332. Dusseldorf: VDI Verlag, 2000.

136.-R4. REHWALD, W., LUCK, K., *Betrachtungen zur Zahl der Koppelgetribetypen.* Wissenschaftliche Zeitschrift der TU Dresda, 50(2001) Heft 3, p. 107-115.

137.-R5. RICHTER – GEBERT, J., KORTENKAMP, K. H., *Benutzerhandbuch fur die interactive Geometrie – Software Cinderella Version 1.2.* Berlin: Springer, 2000.

138.-S1. SILAS, GH., *Mecanică-vibraţii mecanice,* E.D.P., Bucureşti, 1968.

139.-S2. STOICESCU, A., *Dinamica autovehiculelor.* Vol. I-II., I.P.B., Bucureşti, 1980-82.

140.-S3. STOICESCU, A., *Dinamica autovehiculelor pe roţi.* E.D.P., Bucureşti, 1981.

141.-S4. SIMION, I., *Geometrie Descriptivă.* Editura BREN, Bucureşti, 2002.

142.-S5. SIMION, I., *Probleme de Geometrie Descriptivă.* Bucureşti, 2002.

143.-S6. SIMIONESCU, I., *Sinteza mecanismelor.* Lito UPB, 1987.

144.-S7. STOICA, I. A., *Interferenţa roţilor dinţate.* Editura DACIA, Cluj-Napoca, 1977.

145.-S8. SASS, L., POPESCU, I., *La synthese geometrique exacte d'un mecanisme qui trace une courbe cubique circulaire*. In the 8-th Symposium on Mechanisms, Timişoara, 2000, Vol. I, p. 295-300.

146.-S9. SASS, L., POPESCU, I., *La synthese geometrique exacte d'un mecanisme ellipsographe et d'un mecanisme de linearite*. In the 8-th Symposium on Mechanisms, Timişoara, 2000, Vol. I, p. 301-306.

147.-Ş1. ŞAŞKIN, A. G., *Zubciato rîciajnîe mehanizmî*. Izd. Maşinostroenie, Moskva, 1971.

148.-Ş2. ŞAŞKIN, A. G., *Sintezu zubciato - rîciajnîh mehanizmov s vâstoem*. Teoria maşin I mehanizmov, Moskva, 1963, Vol. 94-95, p. 88-110.

149.-T1. TEMPEA, I., POPA, GH., *Mecanisme plane articulate*. I.P.B., Bucureşti, 1978.

150.-T2. TEMPEA, I., MARTINEAC, A., *Organe de maşini, teoria mecanismelor şi prelucrării prin aşchiere*. Partea I , mecanisme, I.P.B., Bucureşti, 1983.

151.-T3. TEMPEA, I., BALESCU, C., ADIR, G., *Mecanism de presare destinat mecanizării operaţiei de formare în rame (părţile I şi II)*. In al VII-lea Simpozion naţional de roboţi industriali şi mecanisme spaţiale. Vol. 3., Bucureşti, 1987.

152.-T4. TUTUNARU, D., *Mecanisme plane rectiliniare şi inversoare*. Editura tehnică, Bucureşti, 1969.

153.-T5. TERME, D., *Besondere Merkmalebeider Nutzung des Pressungwinkels fur kurvengetriebeanalyse und-Synthese*. In SYROM'85,Vol. III-2, pp. 489-504, Bucureşti, iulie 1985.

154.-T6. TEMPEA, I., LAZĂR, I., *Consideraţii preliminare asupra unei clasificări structural sistemice a mecanismelor cu roţi dinţate cu axe mobile*. PRASIC'94. Transmisii mecanice, Braşov, 1994, p. 171-178.

155.-T7. TEMPEA, I., ş.a., *About some solution of structural equation concerning four-bar mechanisms*. În TCMM nr. 28, SYROM'97, Bucureşti, p. 351-258.

156.-T8. TEMPEA, I., LAZĂR, I., *Possible solutions for the synthesis of the main mechanism of the double-loop retractabel mechanism*. In the 8-th Symposium on Mechanisms, Timişoara, 2000, Vol. I, p. 313-320.

157.-T9. TEMPEA, I., MOISE, V., *Soluţii privind acţionarea unei maşini-unelte de mortezat dantura, în scopul creşterii performanţelor acesteia*. În PRASIC'02, Braşov, 2002, Vol. I.

158.-V1. VOINEA, R., VOICULESCU, D., CEAUSU, V., *Mecanica*. E.D.P., Bucureşti, 1975.

See you soon!